高职高专计算机系列教材

U0453690

WPS办公应用
入门教程

WPS BANGONG YINGYONG
RUMEN JIAOCHENG

主　编◎武万军　陈妍斌

副主编◎丁天燕　张　力　柯　辉　冯德万

重庆大学出版社

内容提要

本书共 5 章,包括 WPS 文字编辑、WPS 表格、WPS 演示、WPS PDF、WPS 云文档应用,覆盖了 WPS Office 应用考试大纲规定的内容。本书内容深入浅出,每个章节采用情景演练的独特方式,增加实训性。对重点概念和操作技能进行详细讲解,以提高大学生 WPS Office 基础知识和应用技能水平,从而适应时代的发展。

本书可作为高职高专院校 WPS Office 的配套实践教材,也可作为 WPS 办公应用职业技能等级证书考试的参考用书。

图书在版编目(CIP)数据

WPS 办公应用入门教程/武万军,陈妍斌主编. --
重庆:重庆大学出版社,2023.8
高职高专计算机系列教材
ISBN 978-7- 5689-4109-9

Ⅰ.①W… Ⅱ.①武… ②陈… Ⅲ.①办公自动化—应
用软件—高等职业教育—教材 Ⅳ.①TP317.1

中国国家版本馆 CIP 数据核字(2023)第 150379 号

WPS 办公应用入门教程

主 编 武万军 陈妍斌
责任编辑:苟荟羽 版式设计:苟荟羽
责任校对:谢 芳 责任印制:张 策

*

重庆大学出版社出版发行
出版人:陈晓阳
社址:重庆市沙坪坝区大学城西路 21 号
邮编:401331
电话:(023) 88617190 88617185(中小学)
传真:(023) 88617186 88617166
网址:http://www.cqup.com.cn
邮箱:fxk@ cqup.com.cn(营销中心)
全国新华书店经销
重庆市国丰印务有限责任公司印刷

*

开本:787mm×1092mm 1/16 印张:8.5 字数:173 千
2023 年 8 月第 1 版 2023 年 8 月第 1 次印刷
印数:1—1 500
ISBN 978-7-5689-4109-9 定价:36.00 元

前言
Foreword

本书全面贯彻党的教育方针,落实立德树人根本任务,满足国家信息化发展战略对人才培养的要求。融入"1+X"WPS办公应用职业技能等级证书考试相关内容,讲解突出实用性及可操作性,对重点概念和操作技能进行详细讲解,深入浅出,注重满足社会对学生信息技术方面的核心素养和应用能力的要求。

本书凝聚了编者多年来的教学经验和成果,编者都是长期从事高等职业院校信息技术教学的一线教师,不仅教学经验丰富,而且熟悉当代高职学生的现状,在编写过程中充分考虑了学生的特点和需求。

全书共分为5个模块,分别为WPS文字编辑、WPS表格、WPS演示、WPS PDF、WPS云文档应用。书中的相关资料融入了"1+X"职业技能等级证书考试相关内容。

本书由重庆安全技术职业学院武万军、陈妍斌担任主编,负责总体规划、编写和统稿工作,由重庆安全技术职业学院丁天燕、张力、柯辉、冯德万担任副主编。具体编写分工为:武万军编写项目1和项目3,陈妍斌编写项目2,丁天燕、张力编写项目4,柯辉、冯德万编写项目5。武万军负责全书的框架结构设计、统稿、定稿等工作。

由于编者水平有限,书中疏漏之处在所难免,希望读者能够提出宝贵的意见和建议。编者将在本书的后续修订中不断完善、丰富内容,让本书成为一本"活书",一直为读者服务。

编　者

2023年3月

目录
Contents

情景一
WPS文字编辑

WPS 文字是 WPS Office 2019 中的重要组件,是由北京金山办公软件股份有限公司推出的一款文字处理软件。它具有丰富的编辑功能,还提供了各种控制输出格式及打印功能。本章主要讲解 WPS 文字组件中文字文档的创建、编辑、排版、保存及打印等基础操作。

1.1 WPS 文字界面操作

本节的学习目标是使读者熟练掌握窗口管理模式的切换及界面的切换,了解标签的拆分与组合,了解界面设置、兼容设计和备份管理。

1.1.1 WPS 文字的界面布局

WPS 文字的工作界面主要包括标签栏、功能区、编辑区、导航窗格、任务窗格、状态栏等部分,如图 1.1 所示为 WPS 文字的工作界面。

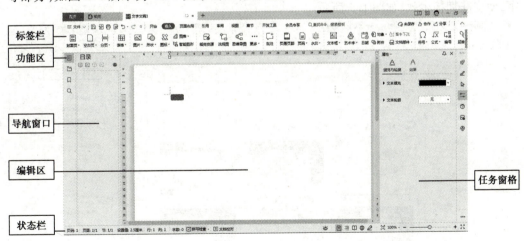

图 1.1　WPS 文字的工作界面

1)标签栏

标签栏用于标签切换和窗口控制,包括标签区(访问/切换/新建文档/网页/服务)、窗口控制区(切换/缩放/关闭工作窗口、登录/切换/管理账号)。

2）功能区

功能区承载了各类功能入口，包括功能区选项卡、文件菜单、快速访问工具栏（默认置于功能区内）、快捷搜索框、协作状态区等。

3）编辑区

编辑区是文本内容编辑和呈现的主要区域，包括文档页面、标尺、滚动条等。

4）导航窗格和任务窗格

导航窗格和任务窗格提供视图导航或高级编辑功能的辅助面板，一般位于编辑界面的两侧，执行特定命令操作时将自动展开显示。

5）状态栏

状态栏位于窗口的下方，用于显示文档状态和提供视图控制。

1.1.2　软件基本设置

1）界面切换

WPS 文字支持"2019 界面"和"经典界面"自由切换，旧版的"经典界面"采用的是"菜单+菜单列表"风格，而默认的"2019 界面"采用的是"选项卡+功能按钮"风格，新界面中重新绘制的图标更加简约，更具现代风。界面切换的操作方法如下。

单击"WPS 文字"首页标签，打开 WPS 首页，单击"全局设置"按钮，在弹出的下拉菜单中选择"皮肤和外观"命令，打开"皮肤中心"对话框，选择任意一种界面，重启 WPS 文字，使皮肤切换生效，如图 1.2 所示。

图 1.2　界面切换

注意:"经典界面"为多组件模式,不支持工作区特性。

2)界面设置

WPS文字全新的工作界面支持更灵活的设置,用户可以根据个人喜好自定义个性化的工作界面。

设置功能区按钮居中排列:

单击任意文字文档主界面右上角的"更多操作"按钮,在弹出的下拉菜单中选择"功能区按钮居中排列"命令,如图1.3所示。

图1.3　设置功能区按钮居中排列

1.2　文档基本操作

在WPS中,文字、表格和演示等组件的新建、打开和保存等文档基本操作类似。本节主要讲解WPS文字的新建、打开、保存等基本操作。

1.2.1　新建文字文档

WPS启动后进入首页界面,如图1.4所示。

WPS首页默认显示"文档"内容,在文件列表中可查看用户文件。标题栏显示各个选项卡标题,如"首页""稻壳""新建"等,单击选项卡标题可打开相应的选项卡。WPS通过选项卡显示被打开文档的编辑窗口,并在标题栏中显示该文档名称。

1)新建空白文档

新建WPS文字文档的操作步骤如下所述。

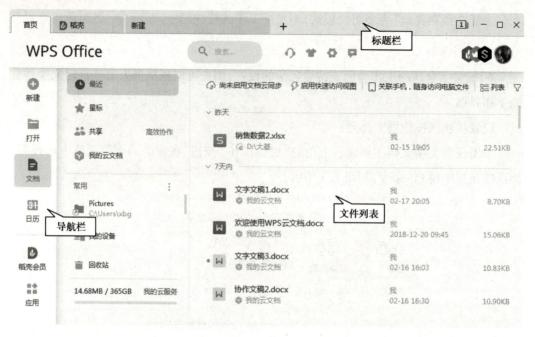

图1.4　WPS首页

步骤一：在系统"开始"菜单中选择"WPS Office\WPS Office"命令启动WPS。

步骤二：在WPS首页的左侧导航栏中单击"新建"按钮，或单击标题栏中的"+"按钮，或按"Ctrl+N"键，打开新建选项卡。

步骤三：在新建选项卡中，单击工具栏中的"W文字"按钮，显示WPS文字模板列表，如图1.5所示。

图1.5　选择创建文档的模板

步骤四：单击模板列表中的"新建空白文档"按钮，创建一个空白文档。

其他创建 WPS 空白文字文档的方法如下所述。

步骤一：在系统桌面或文件夹中，用鼠标右键单击空白位置，然后在快捷菜单中选择"新建\DOC 文档"或"新建\DOCX 文档"命令。

步骤二：打开文档后，在文档编辑窗口中按"Ctrl+N"键。

2）使用模板创建文档

模板包含了预定义的格式和内容（空白文档除外）。使用模板创建文档时，用户只需根据提示填写、修改相应的内容，即可快速创建专业水准的文档。

WPS 提供了海量的在线模板，并免费提供给会员使用。在启动时，WPS 会提示会员登录。在未登录时，可在新建标签中单击左侧的"未登录"按钮，或者单击标题栏右侧的"访客登录"按钮，打开对话框登录 WPS 账号。用户注册成为会员并登录后即可免费使用模板。

在新建标签中的模板列表中，单击要使用的模板，可打开模板的预览窗口，如图 1.6 所示。单击预览窗口右上角的关闭按钮可关闭预览窗口。

图 1.6　预览模板

单击预览窗口右侧的"立即下载"按钮，可立即下载模板，并用其创建新文档。图 1.7 显示了使用模板创建的新文档，用户根据需求修改相应的内容，即可完成文档创建。

WPS 文字文档窗口主要由菜单栏、快速访问工具栏、工具栏、编辑区、状态栏等组成，对应位置如图 1.7 所示。

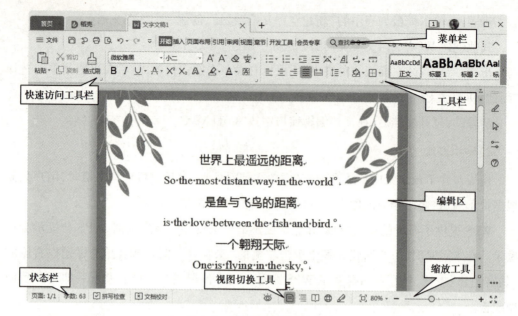

图1.7　根据模板创建的文档

- 菜单栏:单击菜单栏中的按钮可显示对应的工具栏。早期版本的 WPS 菜单栏在单击按钮时会显示下拉菜单。
- 快速访问工具栏:包含保存、输出为 PDF、打印、打印预览、撤销、恢复等常用按钮。单击"自定义快速访问工具栏"按钮 ▾ ,可通过选择其中显示的按钮,或打开自定义对话框来添加命令。
- 工具栏:提供操作按钮,单击按钮执行相应的操作。
- 编辑区:显示和编辑当前文档。
- 状态栏:显示文档的页面、字数等信息,包含视图切换和缩放等工具。

1.2.2　保存文档

1)保存新建文档

方法一:单击快速访问工具栏中的"保存"按钮 ⊟。

方法二:在"文件"菜单中选择"保存"命令。

方法三:按"Ctrl+S"键,执行保存操作,可保存当前正在编辑的文档。

2)将已有文档另存为

在"文件"菜单中选择"另存为"命令,执行另存为操作,可将正在编辑的文档保存为指定名称的新文档。

保存新建文档或执行"另存为"命令时,会打开"另存文件"对话框,如图1.8所示。

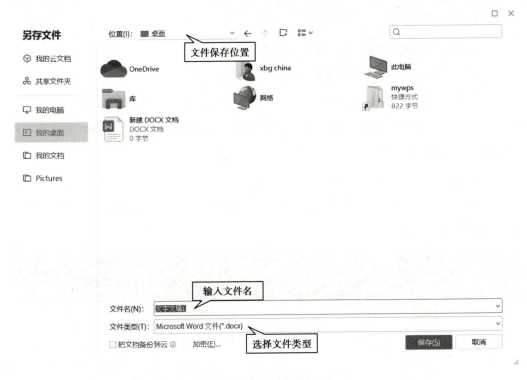

图 1.8　"另存文件"对话框

在另存文件对话框的左侧窗格中,列出了常用的保存位置,包括我的云文档、共享文件夹、此电脑、我的桌面、我的文档等。

"位置"下拉列表显示了当前保存位置,也可从下拉列表中选择其他位置。选择保存位置后,可进一步在文件夹列表中选择保存文档的子文件夹。

在"文件名"输入框中,可输入文档名称。在"文件类型"下拉列表中选择想要保存的文件类型。WPS 文字文档的默认保存文件类型为"Microsoft Word 文件",文件扩展名为 .docx,这是为了与微软的 Word 组件兼容。用户还可将文档保存为 WPS 文字文件、WPS 文字模板文件、PDF 文件格式等 10 余种文件类型。完成设置后,单击"保存"按钮完成保存操作。

3)保存已有文档

对于已有的文字文档,在编辑过程中也需要及时保存,以防断电、死机或系统自动关闭等造成信息丢失。已有文字文档与新建文字文档的保存方法相同,只是对它进行保存时,仅是将对文档的更改保存到原文字文档中,故不会弹出"另存为"对话框。但会在状态栏显示类似"正在保存文件"的提示,保存完成后提示消失。

1.2.3　输出文档

WPS 可将文字文档输出为 PDF、图片和演示文档。

1）输出为 PDF

将文字文档输出为 PDF 的操作步骤如下：

①单击文档窗口左上角的"文件"按钮，打开文件菜单。

②在菜单中选择"输出为 PDF"命令，打开"输出为 PDF"对话框，如图1.9所示。

③在文件列表中选中要输出的文档，当前文档默认选中。用户可在输出范围列表中设置输出为 PDF 的页面范围。

④在"保存目录"下拉列表中选择保存位置。

⑤单击"开始输出"按钮，执行输出操作。成功完成输出后，文档状态变为"输出成功"，此时可关闭对话框。

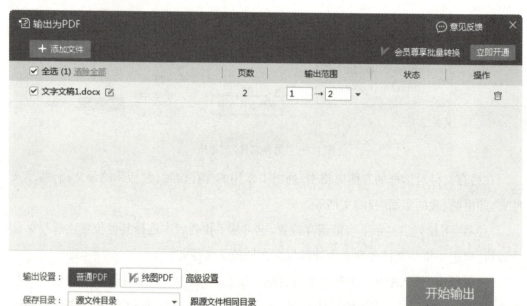

图 1.9　"输出为 PDF"对话框

2）输出为图片

将文字文档输出为图片的操作步骤如下：

①单击文档窗口左上角的"文件"按钮，打开文件菜单。

②在菜单中选择"输出为图片"命令，打开"输出为图片"对话框，如图1.10所示。

③在"输出方式"栏中选择逐页输出或合成长图。

④在"水印设置"栏中选择无水印、自定义水印或默认水印（注意：带"V"的设置需要 WPS VIP 会员才能使用）。

⑤在"输出页数"栏中选择所有页或者按指定页码输出。

⑥在"输出格式"下拉列表中选择输出图片的文件格式。

图 1.10 "输出为图片"对话框

⑦在"输出品质"下拉列表中选择输出图片的品质。

⑧在"输出目录"输入框中输入图片的保存位置。用户可单击右侧的"…"按钮打开对话框,选择保存位置。

⑨单击"输出"按钮,执行输出操作。

3)输出为演示文档

将文字文档输出为演示文档的操作步骤如下:

①单击文档窗口左上角的"文件"按钮,打开文件菜单。

②在菜单中选择"输出为PPTX"命令,打开"输出为pptx"对话框,如图1.11所示。

📂 输出为pptx ✕

输出至 : 📁 C:\Users\xbg\Desktop …

开始转换

图 1.11 "输出为 pptx"对话框

③在"输出至"输入框中输入演示文档的保存位置。用户可单击右侧的"…"按钮打开对话框选择保存位置。

④单击"开始转换"按钮,执行转换操作。转换完成后,WPS 会自动打开演示文档。

1.2.4　打开文档

在系统桌面或文件夹中双击文档,可启动 WPS,并打开文档。

WPS 启动后,按"Ctrl+O"键,或在"文件"菜单中选择"打开"命令,进入"打开文件"对话框,如图 1.12 所示。

图 1.12　"打开文件"对话框

"打开文件"对话框和"另存文件"对话框类似,用户首先需要选择位置,然后在文件列表中双击文件即可将其打开。也可在单击选中文件后,单击"打开"按钮打开文件。

1.2.5　标签管理

1)窗口管理模式切换

WPS 文字支持自主切换窗口管理模式。传统"多组件模式"下,WPS 文字、WPS 表格、WPS 演示和 PDF 这四大组件分别单独使用不同窗口,桌面生成 4 个相应图标。在新版"整合模式"下,多种类型文档标签都整合进同一窗口界面中,桌面只生成唯一图标。

单击"WPS 文字"首页标签,打开 WPS 首页,单击"全局设置"按钮,在弹出的下拉菜单中选择"设置"命令,打开"设置中心"标签页,选择"切换窗口管理模式"命令,在弹出的对话框中选择窗口管理模式,单击"确定"按钮后重启 WPS 文字使设置生效,如图 1.13 所示。

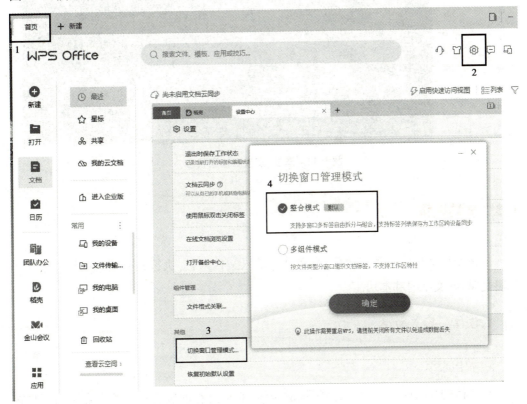

图 1.13　切换窗口管理模式

注意:该操作需要重启 WPS 文字,请提前关闭所有文字文档,以免造成数据丢失。

2)文字文档标签拆分组合

WPS 文字既可以实现多标签页的自由拆分和组合,也可以将标签保存到自定义工作区,使文字文档管理更高效。

更改标签顺序:拖动文字文档标签,更改标签顺序,把标签设置成独立窗口或组合窗口。

查看、切换工作区状态:单击标签栏左侧的"工作区/标签列表"按钮,可以查看和切换工作区状态,如图 1.14 所示。

图 1.14　查看、切换工作区状态

1.3　文档编辑

新建空白文档或打开文档后，可在其中输入文档内容，执行各种编辑操作。输入和编辑是 WPS 文字的基本功能。

1.3.1　输入文本

1）输入文本

在文档的编辑区，光标显示为闪烁的竖线，光标所在的位置称为插入点。当用户在文字文档中输入内容时，文本插入点会自动后移，输入的内容也会同时显示。

在输入文字时，可根据需要输入中文、英文文本。如果要输入中文文本，则需要先切换到合适的中文输入法再进行操作。输入英文文本的方法非常简单，直接按键盘上对应的字母键即可。

在文字文档中输入文本前，需要先定位文本插入点，通常通过单击进行定位。当光标定位好插入点后，切换到自己常用的输入法，即可输入相应的文本内容。在输入的文本满行后，插入点会自动转到下一行。若需要开始新的段落，可按"Enter"键换行。

在输入过程中，按"Backspace"键可删除插入点前面的内容，按"Delete"键可删除插入点后面的内容。

2）插入特殊符号

特殊符号不能从键盘直接输入。要插入特殊符号，可在插入工具栏中单击"符号"下拉按钮 符号▾，打开符号下拉菜单，如图 1.15 所示。在符号下拉菜单中单击需要的符号，可将其插入文档。

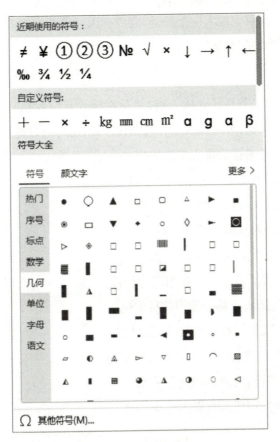

图1.15　符号下拉菜单

在插入工具栏中单击"符号"按钮◯，可打开符号对话框，如图1.16所示。在对话框中双击需要的符号，或者在单击选中符号后，单击"插入"按钮，可将符号插入文档。

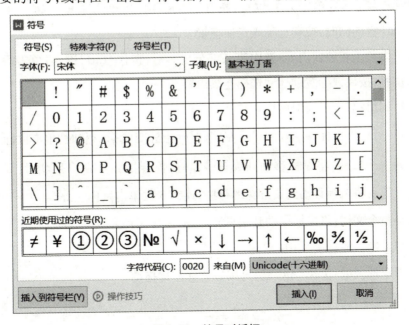

图1.16　符号对话框

符号下拉菜单一次只能插入一个符号,完成插入后菜单自动关闭。符号对话框可插入多个符号,直到手动关闭对话框。

3)移动插入点

在编辑文档时,往往需要移动插入点,然后在插入点位置执行输入或编辑操作。单击需要定位插入点的位置,可将插入点移动到该位置,也可通过键盘移动插入点位置。

可使用下面的快捷键移动插入点:

- 按"←"键:将插入点向前移动一个字符。
- 按"→"键:将插入点向后移动一个字符。
- 按"↑"键:将插入点向上移动一行。
- 按"↓"键:将插入点向下移动一行。
- 按"Home"键:将插入点移动到当前行行首。
- 按"End"键:将插入点移动到当前行末尾。
- 按"Ctrl+Home"键:将插入点移动到文档开头。
- 按"Ctrl+End"键:将插入点移动到文档末尾。
- 按"Page Down"键:将插入点向下移动一页。
- 按"Page Up"键:将插入点向上移动一页。

4)选择内容

在执行复制、移动、删除或设置格式等各种操作时,往往需要先选中内容。可使用下面的方法选择内容:

- 选择连续内容:单击开始位置,按住"Shift"键,再单击末尾位置。或者在按住"Shift"键的同时,按移动插入点快捷键。
- 选择多段不相邻的内容:选中第一部分内容后,按住"Ctrl"键,再单击另一部分开始位置,按住鼠标左键拖动选择连续内容。
- 选择词组:双击可选中词组。
- 选择一行:将鼠标移动到编辑区左侧,鼠标指针变成 ⤢ 形状时,单击鼠标左键。
- 选择一个段落:将鼠标移动到编辑区左侧,鼠标指针变成 ⤢ 形状时,双击鼠标左键。或者将鼠标移动到要选择的行中,连续 3 次单击鼠标左键。
- 选择整个文档:将鼠标移动到编辑器左侧,鼠标指针变成 ⤢ 形状时,连续 3 次单击鼠标左键。或者按"Ctrl+A"键。
- 选择矩形区域:按住"Alt"键,再按住鼠标左键拖动。

5）复制粘贴内容

（1）复制文本

方法一：选中要复制的内容后，按"Ctrl+C"键。

方法二：在"开始"工具栏中单击"复制"按钮，或者用鼠标右键单击选中的内容，然后在快捷菜单中选择"复制"命令，执行复制操作。

（2）粘贴文本

方法一：将插入点定位到要粘贴内容的位置，按"Ctrl+V"键。

方法二：在"开始"工具栏中单击"粘贴"按钮，或者在插入点单击鼠标右键，然后在快捷菜单中选择"粘贴"命令，执行粘贴操作。

执行粘贴操作时，可单击开始工具栏中的"粘贴"下拉按钮 粘贴▾ ，打开粘贴菜单，在其中选择"保留源格式""匹配当前格式""只粘贴文本"或"选择性粘贴"命令，选择粘贴方式。也可在鼠标右键快捷菜单中选择粘贴方式。

（3）移动内容

移动内容就是剪切内容后再粘贴到其他位置。

方法一：选中要复制的内容后，按"Ctrl+X"键。

方法二：在"开始"工具栏中单击"剪切"按钮。

方法三：用鼠标右键单击选中的内容，然后在快捷菜单中选择"剪切"命令，执行剪切操作。

也可以在选中内容后，将鼠标移动到选中内容上方，按住鼠标左键拖动，将选中内容拖动到其他位置。

6）撤销和恢复

（1）撤销

方法一：在编辑文档时，按"Ctrl+Z"键或单击快速访问工具栏中的"撤销"按钮，可撤销之前执行的操作。

方法二：单击"撤销"按钮右侧的下拉按钮，打开操作列表，单击列表中的操作，可撤销该操作以及它之前的所有操作。

（2）恢复

方法一：按"Ctrl+Y"键。

方法二：单击快速访问工具栏中的"恢复"按钮，可恢复之前撤销的操作。

7）查找与替换

查找功能用于在文档中快速定位关键词，使用查找功能的操作步骤如下：

①在菜单栏中单击"视图"按钮，打开视图工具栏。

②在视图工具栏中单击"导航窗格"按钮，打开导航窗格。

③单击导航窗格中的"查找和替换"按钮，打开查找和替换窗格，如图1.17所示。

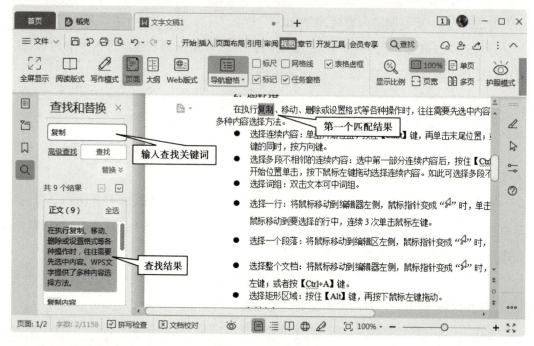

图1.17　查找和替换

④在查找和替换窗格中输入查找关键词，如"复制"，然后按"Enter"键或单击"查找"按钮，执行查找操作。

⑤查找和替换窗格下方会显示匹配结果数量和查找结果。在查找结果和文档中，匹配结果用黄色背景标注，并将第一个匹配结果显示到窗口中。在匹配结果中单击包含匹配结果的段落，可使该段落在窗口中显示。

⑥单击查找和替换窗格中的"上一条"按钮□或"下一条"按钮□，可按顺序向上或向下在文档中切换匹配的查找结果。

替换功能用于将匹配的查找结果替换为指定内容，使用替换功能的操作步骤如下：

①在查找和替换窗格的搜索框中输入关键词执行查找操作。

②单击"显示替换选项"按钮 替换≫，在导航窗格中将显示替换选项，如图1.18所示。替换选项显示后，"显示替换选项"按钮 替换≫变为"隐藏替换选项"按钮 替换≪，单击它可隐藏替换选项。

③输入替换内容。单击"替换"按钮，按先后顺序替换匹配的查询结果，单击一次将替换一个查找结果；单击"全部替换"按钮，可替换全部匹配的查找结果。

在查找和替换窗格中单击"高级查找"按钮，或单击"开始"工具栏中的"查找"按钮，或者按"Ctrl+F"键，打开"查找和替换"对话框，如图1.19所示。

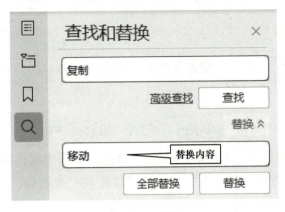

图 1.18　替换

图 1.19　"查找和替换"对话框

"查找和替换"对话框的"查找"选项卡用于执行查找操作,"替换"选项卡用于执行替换操作,"定位"选项卡用于执行定位插入点操作。

单击"高级搜索"按钮,可显示或隐藏高级搜索选项,选中高级搜索选项时,可在搜索时执行相应操作。

单击"格式"按钮,打开下拉菜单,在菜单框中选择设置字体、段落、制表符、样式、突出显示等格式,在搜索时匹配指定格式。

单击"特殊格式"按钮,打开下拉菜单,在菜单中选择要查找的特殊格式,如段落标记、制表符、图形、分节符等。

1.3.2 文本格式

文本格式可对文档中的文字设置各种格式,给用户带来良好的阅读体验。

1)设置字体

选中文本后,可在"开始"工具栏中的"字体"组合框 宋体 中输入字体名称,或者单击组合框右侧的向下按钮,打开字体列表,从列表中选择字体。"字体"组合框会显示插入点前面文本的字体。图1.20展示了设置了不同字体的文本。

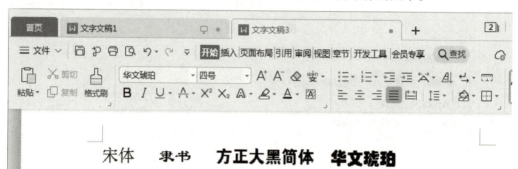

图1.20 不同字体的文本

2)设置字号

选中文本后,可在"开始"工具栏中的"字号"组合框 五号 中输入字号大小,或者单击组合框右侧的向下按钮,打开字号列表,从列表中选择字号。可在字号组合框中输入字号列表中未包含的字号。例如,在"字号"组合框中输入200,可设置超大文字。

选中文本后,单击"开始"工具栏中的"增大字号"按钮 A⁺ 或按"Ctrl+]"键,可增大字号;单击"减小字号"按钮 A⁻ 或按"Ctrl+["键,可减小字号。

图1.21展示了设置不同字号的文本。

3)设置字形

(1)设置字体加粗和倾斜效果

选中文本后,单击"开始"工具栏中的"加粗"或"倾斜"按钮,即可看到设置后的效果。图1.22展示了加粗和倾斜的效果。

(2)文本加下划线

选中文本后,单击"开始"工具栏中的"下划线"按钮 U 或按"Ctrl+U"键,可为文本添加或取消下划线。单击"下划线"按钮右侧的向下按钮,打开下拉菜单,在其中可选择下划线样式以及设置下划线颜色。图1.22展示了标准下划线和波浪下划线效果。

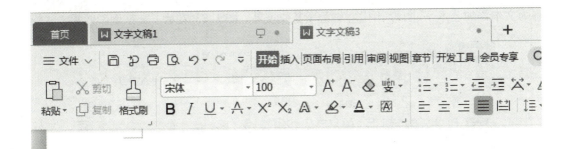

图 1.21　不同字号的文本

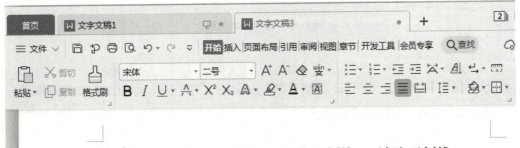

图 1.22　各种文本效果 1

（3）文本加删除线

选中文本后，单击"开始"工具栏中的"删除线"按钮 $\stackrel{\wedge}{=}$，可为文本添加或取消删除线。单击"删除线"按钮右侧的向下按钮，打开下拉菜单，选择其中的"着重号"命令，可在文本下方添加着重符号。图 1.22 展示了删除线和着重号效果。

4）上标和下标

选中文本后，单击"开始"工具栏中的"上标"按钮 X^2，可将所选文本设置为上标。选中文本后，单击"开始"工具栏中的"下标"按钮 X_2，可将所选文本设置为下标。图 1.23 展示了上标和下标效果。

5）设置文字效果

选中文本后，单击"开始"工具栏中的"文字效果"按钮 $A \cdot$，打开下拉菜单，菜单中选择为文本添加艺术字、阴影、倒影、发光等多种效果。图1.23展示了文字倒影效果。

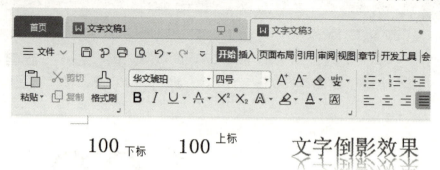

图1.23　各种文本效果2

6）设置字符底纹

选中文本后，单击"开始"工具栏中的"字符底纹"按钮 ⒶＤ，可为文本添加或取消底纹。图1.23展示了字符底纹效果。

7）为汉字添加拼音

选中文本后，单击"开始"工具栏中的"拼音指南"按钮 ♚ᵂᵉⁿ，打开"拼音指南"对话框，如图1.24所示。在对话框中可设置拼音的对齐方式、偏移量、字体、字号等相关属性，或者删除已添加的拼音。

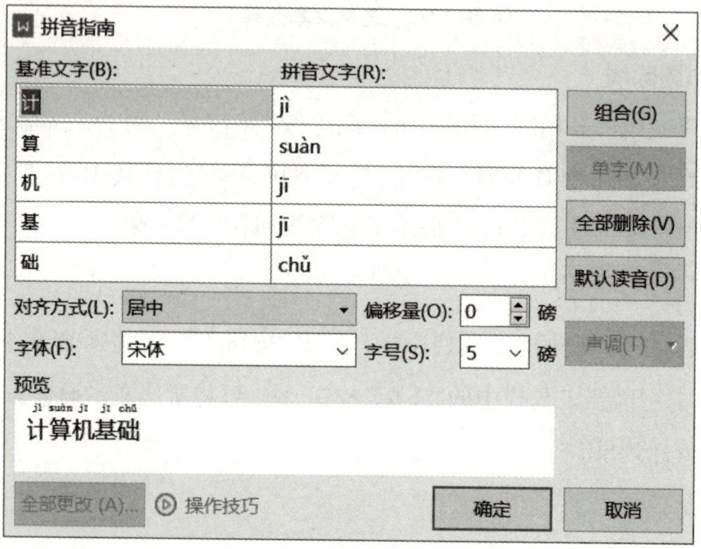

图1.24　"拼音指南"对话框

8)字体对话框

单击"开始"工具栏的"字体"组右下角的 ⌐ 按钮,或者单击鼠标右键,在快捷菜单中选择"字体"命令,打开"字体"对话框,如图1.25所示。

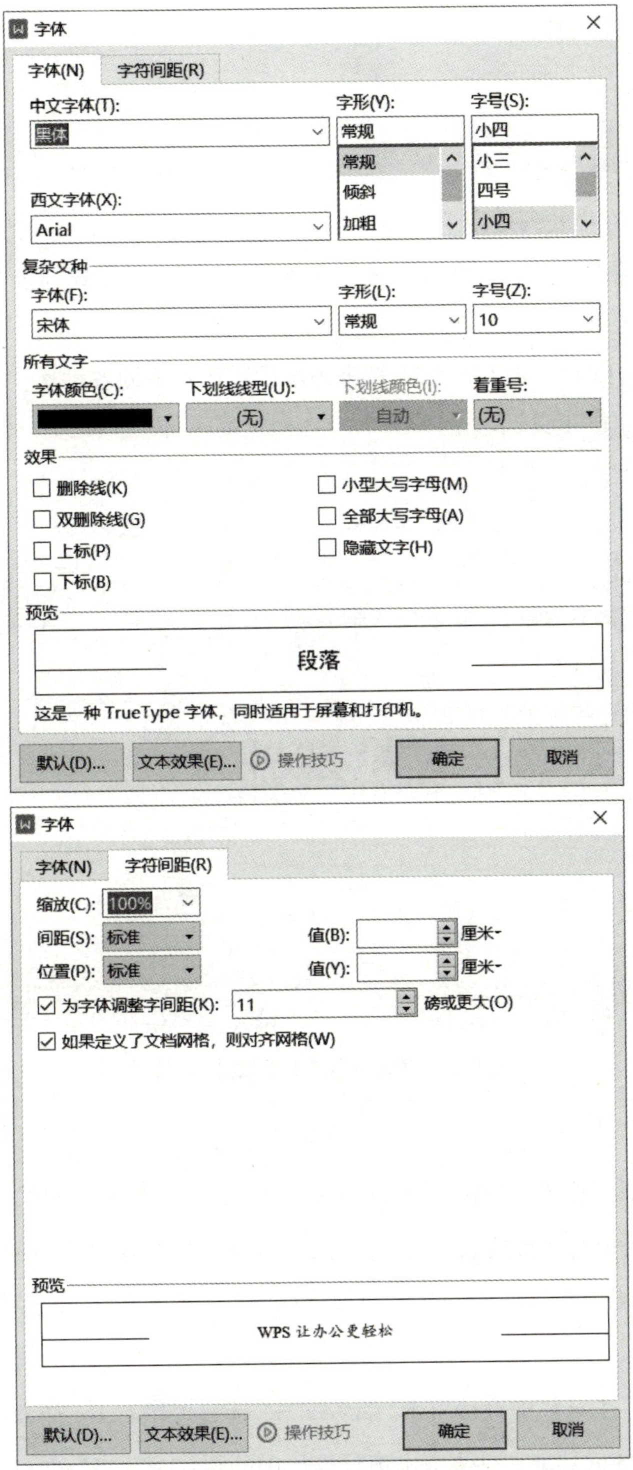

图 1.25 "字体"对话框

在"字体"对话框的"字体"选项卡中,可设置与文本字体相关的属性;在"字符间距"选项卡中,可设置字符间距(图1.25)。单击选项卡下方的"操作技巧"按钮,可打开浏览器查看 WPS 学院网站提供的字体设置技巧视频教程。

1.3.3　插入对象

1)插入艺术字

艺术字是具有特殊效果的文字。在"插入"工具栏中单击"艺术字"按钮,打开艺术字样式列表,然后在样式列表中单击要使用的样式,在文档中插入一个文本框,在文本框中输入文字即可插入艺术字。也可在选中文字后,在艺术字样式列表中选择样式,将选中的文字转换为艺术字。

可使用"文本工具"工具栏中的工具进一步设置艺术字的各种属性。图1.26 展示了艺术字及"文本工具"工具栏。

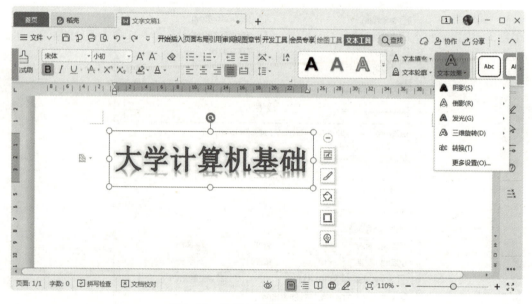

图 1.26　艺术字及"文本工具"工具栏

2)插入图片

在"插入"工具栏中单击"图片"下拉按钮,打开插入图片下拉菜单,如图1.27 所示。

可在下拉菜单中选择直接插入稻壳图片,或者单击"本地图片"按钮插入本地计算机中的图片,或者单击"扫描仪"按钮从扫描仪获取图片,或者单击"手机传图"按钮从手机获取图片。

也可在"插入"工具栏中直接单击"插入图片"按钮，打开"插入图片"对话框,在对话框中选择 WPS 云共享文件夹或本地计算机中的图片。

图 1.27　插入图片下拉菜单

3）插入文本框

文本框用于在页面中任意位置输入文字,也可在文本框中插入图片、公式等其他对象。在"插入"工具栏中单击"绘制横向文本框"按钮，再在页面中按住鼠标左键拖动,绘制出横向文本框。横向文本框中的文字内容默认横向排列。

要使用其他类型的文本框,可在"插入"工具栏中单击"文本框"下拉按钮,打开文本框菜单,如图 1.28 所示。从菜单中可选择插入横向、竖排、多行文字或稻壳文本框等。

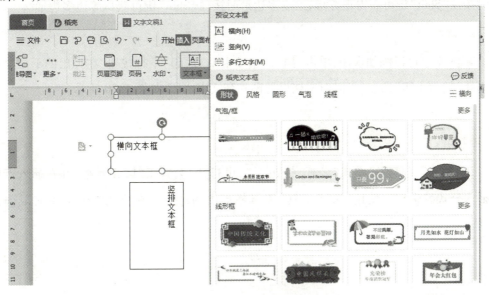

图 1.28　文本框菜单

4）插入形状

单击"插入"工具栏中的"插入形状"按钮![按钮]或"形状"下拉按钮,可打开预设形状菜单,如图1.29所示。

图1.29　预设形状菜单

在预设形状菜单中单击要插入的形状,然后在页面按住鼠标左键拖动绘制形状。绘制形状时,"Shift"键具有特殊作用,例如,绘制椭圆时按住"Shift"键可获得正圆,绘制矩形时按住"Shift"键可获得正方形,绘制多边形时按住"Shift"键可获得等边多边形。

5）插入水印

WPS文字可以添加水印,单击"插入"选项卡中"水印"下拉按钮,在弹出的下拉菜单中选择"插入水印"命令,可以对文档设置图片和文字水印,如图1.30所示。

6）插入数学公式

在"插入"工具栏中单击"公式"按钮![公式],可打开"公式工具"工具栏,并在插入点位置插入公式编辑框。使用"公式工具"工具栏提供的命令可在公式编辑框中完成公式编辑。

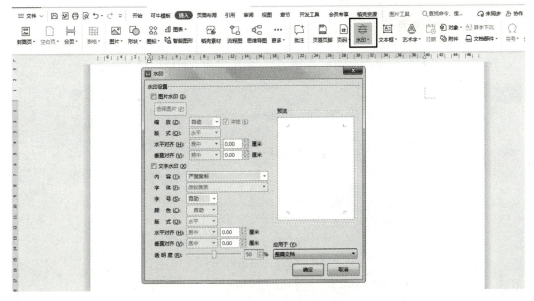

图1.30　设置水印

在"插入"工具栏中单击"公式"下拉按钮公式▾,打开下拉菜单,在菜单中可选择插入各种内置公式。在菜单中选择"公式编辑器"命令,可打开公式编辑器,如图1.31所示。在公式编辑器中完成公式编辑后,关闭公式编辑器窗口,编辑好的公式将自动插入到插入点位置。

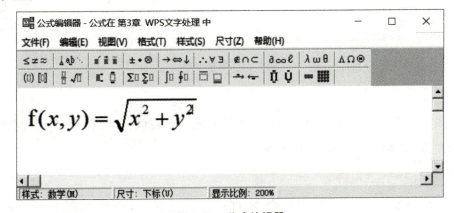

图1.31　公式编辑器

7)插入条形码

单击"插入"选项卡中的"条形码"按钮可以添加条形码,如果在"插入"选项卡中没有"条形码"选项,可单击"更多"旁边的下拉按钮,插入条形码。

1.4　制作表格

表格用于在文档中格式化数据,使数据整齐、美观,具有良好的可阅读性。

1.4.1　创建表格

在"插入"工具栏中单击"表格"按钮,打开表格菜单,如图1.32所示。

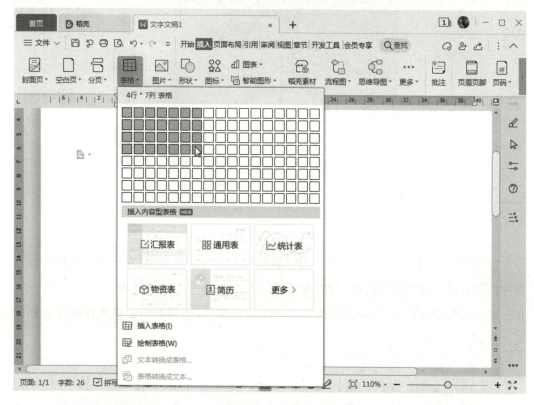

图1.32　表格菜单

1)快捷插入表格

在表格菜单的虚拟表格中移动鼠标,可选择插入表格的行列数。确定行列数后,单击鼠标左键,在文档插入点位置插入表格。

2)用对话框插入表格

在表格菜单中选择"插入表格"命令,打开"插入表格"对话框,如图1.33所示。在"列数"数值框中输入表格列数,在"行数"数值框中输入表格行数,在列宽选择栏中根据需要设置固定列宽或自动列宽。单击"确定"按钮插入表格。

3)绘制表格

在表格菜单中选择"绘制表格"命令,然后在文档中按住鼠标左键拖动绘制表格。绘制的表格默认文字环绕格式为"环绕"。可放在页面任意位置。如果要取消文字环绕,可用鼠标右键单击表格,在快捷菜单中选择"表格属性"命令,打开表格属性对话框,在其中将文字环绕设置为"无"即可。

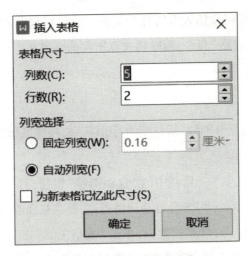

图 1.33 "插入表格"对话

1.4.2 调整表格

1)表格选择操作

可使用下面的方法执行各种表格选择操作:

- 选择整个表格:先单击表格,再单击表格左上角出现的表格选择图标。
- 选择单个单元格:连续 3 次单击单元格;或将鼠标移动到单元格左侧,鼠标指针变为黑色箭头时单击鼠标。
- 选择连续单元格:单击第一个单元格,按住"Shift"键,再按上下左右方向键;或者单击第一个单元格,按住鼠标左键拖动。
- 选择分散单元格:按住"Ctrl"键,再使用选择单个单元格或选择连续单元格的方法选择其他单元格。
- 选择单个列:将鼠标移动到列顶部边沿,鼠标指针变为黑色箭头时单击鼠标。
- 选择连续列:将鼠标移动到列顶部边沿,鼠标指针变为黑色箭头时按住鼠标左键拖动;或者在选中第一列后,按住"Shift"键,再按左右方向键。
- 选择分散列:按住"Ctrl"键,再使用选择单个列或选择连续列的方法选择其他列。
- 选择单个行:将鼠标移动到行右侧页面空白位置,鼠标指针变为白色箭头时单击鼠标。
- 选择连续行:将鼠标移动到右侧页面空白位置,鼠标指针变为白色箭头时按住鼠标左键拖动;或者在选中第一行后,按住"Shift"键,再按上下方向键。
- 选择分散行:按住"Ctrl"键,再使用选择单个行或选择连续行的方法选择其他行。

2)删除表格

单击表格任意位置,再单击"表格工具"工具栏中的"删除"按钮,打开删除菜单,在其中选择"表格"命令,可删除插入点所在的表格。也可用鼠标右键单击表格,打开快捷菜单,在其中选择"删除表格"命令,删除插入点所在的表格。

3)调整行高和列宽

(1)调整表格行高

方法一:将鼠标指向行分隔线,指针变为$\div$形状时,按住鼠标左键上下拖动鼠标调整行高。

方法二:单击"表格工具"工具栏中的"自动调整"按钮,打开自动调整菜单,在菜单中选择"平均分布各行"命令,WPS会自动调整行高,使表格所有行高度相同。

方法三:单击要调整行的任意位置,再单击"表格工具"工具栏中的"高度"输入框,输入行高,或者单击输入框两侧的"-"或"+"按钮调整行高。

(2)调整表格列宽

方法一:将鼠标指向列分隔线,指针变为$\Vdash$形状时,按住鼠标左键左右拖动鼠标调整列宽。

方法二:单击"表格工具"工具栏中的"自动调整"按钮,打开自动调整菜单,在菜单中选择"平均分布各列"命令,自动调整列宽,所有列宽度相同。

方法三:单击要调整列的任意位置,在"表格工具"工具栏中的"宽度"输入框中输入列宽,或者单击输入框两侧的"-"或"+"按钮调整列宽。

4)添加或删除行操作

(1)在表格中添加行或列

单击单元格,在"表格工具"工具栏中选择插入行或列的位置,如选择"在左侧插入列"按钮插入新列。

(2)在表格中删除行或列

单击列中的任意一个单元格,再单击"表格工具"工具栏中的"删除"按钮,打开删除菜单,在菜单中选择要删除的项,如删除插入点所在的列。

5)删除单元格

选中单元格后,单击"表格工具"工具栏中的"删除"按钮,打开删除菜单,在菜单中选择"单元格"命令,打开"删除单元格"对话框,如图1.34所示。在对话框中可选择删除单元格后右侧单元格左移、下方单元格上移、删除整行或删除整列。

6)合并和拆分单元格

(1)合并单元格

单击"表格工具"工具栏中的"合并单元格"按钮,或在右键快捷菜单中选择"合并单元格"命令,可合并选中的单元格。合并后,原来每个单元格中的数据在新单元格中各占一个段落。

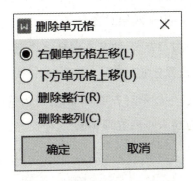

图1.34 "删除单元格"对话框

（2）拆分单元格

单击"表格工具"工具栏中的"拆分单元格"按钮,或在右键快捷菜单中选择"拆分单元格"命令,打开"拆分单元格"对话框,如图1.35所示。可在对话框中设置拆分后的行列数。选中"拆分前合并单元格"复选框时,原来的单元格仍然相邻,在其后添加单元格,否则将在原来的单元格之间插入单元格。如果拆分后的行列数比原来的少,则会删除多出的单元格。

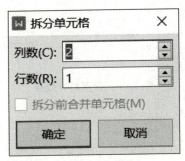

图1.35 "拆分单元格"对话

1.4.3 段落格式

段落格式包括对齐方式、缩进和行距等设置。

1）设置段落对齐方式

段落对齐方式如下:

- 左对齐:段落中的文本向页面左侧对齐。"开始"工具栏中的"左对齐"按钮三用于设置左对齐。

- 居中对齐:段落中的文本向页面中间对齐。"开始"工具栏中的"居中对齐"按钮三用于设置居中对齐。

- 右对齐:段落中的文本向页面右侧对齐。"开始"工具栏中的"右对齐"按钮三用于设置右对齐。

- 两端对齐:自动调整字符间距,使段落中所有行的文本两端对齐。"开始"工具栏中的"两端对齐"按钮 用于两端对齐。
- 分散对齐:行中的文字均匀分布,使文本向页面两侧对齐。"开始"工具栏中的"分散对齐"按钮 用于设置分散对齐。

单击"开始"工具栏中的各种段落对齐工具按钮,可为选中内容所在段落设置对齐方式。如果没有选中内容,则为插入点所在段落设置对齐方式。图1.36展示了各种对齐效果。

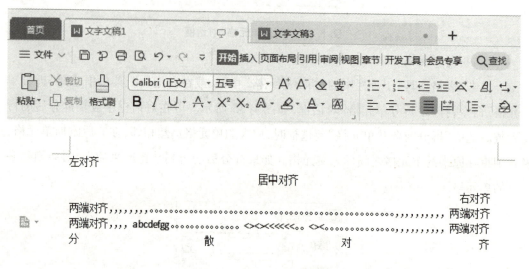

图1.36　段落对齐效果

2)设置缩进

段落的各种缩进含义如下:

- 左缩进:段落左边界距离页面左侧的缩进量。
- 右缩进:段落右边界距离页面右侧的缩进量。
- 首行缩进:段落第1行第1个字符距离段落左边界的缩进量。
- 悬挂缩进:段落第2行开始的所有行距离段落左边界的缩进量。

图1.37展示了各种缩进效果。

在"开始"工具栏中,单击"减少缩进量"按钮 ,可减少插入点所在段落的左缩进量;单击"增加缩进量"按钮 ,可增加插入点所在段落的左缩进量。

也可使用标尺调整段落缩进量。在"视图"工具栏中选中"标尺"复选框 标尺,在页面的顶端和左侧显示标尺,拖动标尺中的滑块可调整缩进量,如图1.38所示。

3)设置行距

行距指段落中行之间的间距,单击"开始"工具栏中的"行距"按钮 ,打开下拉菜单,选择其中的命令可为选中内容所在的段落设置行距。图1.39展示了几种行距效果。

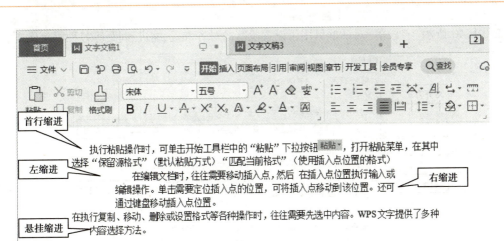

图 1.37 段落缩进

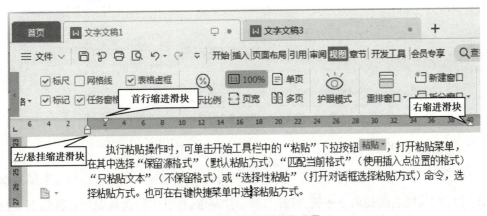

图 1.38 使用标尺调整缩进量

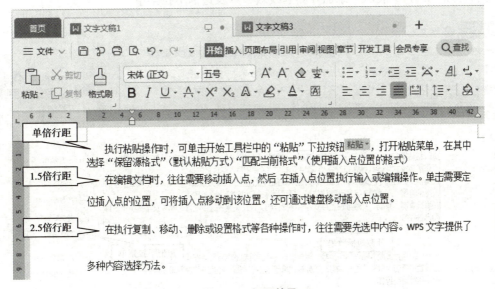

图 1.39 行距效果

4）使用段落对话框

用鼠标右键单击选中内容后，在快捷菜单中选择"段落"命令，打开"段落"对话框，如图1.40所示。"段落"对话框可用于设置段落的对齐方式、缩进、间距等各种段落格式。

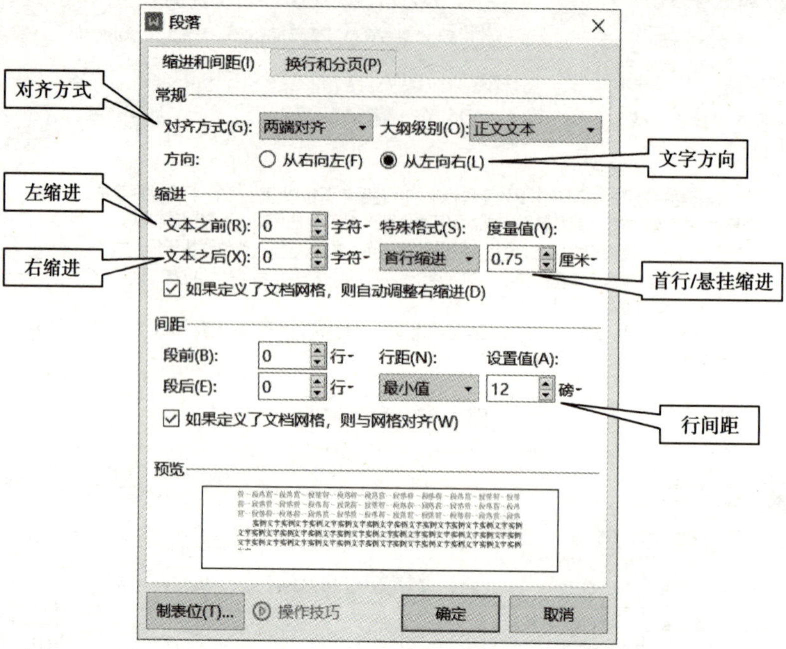

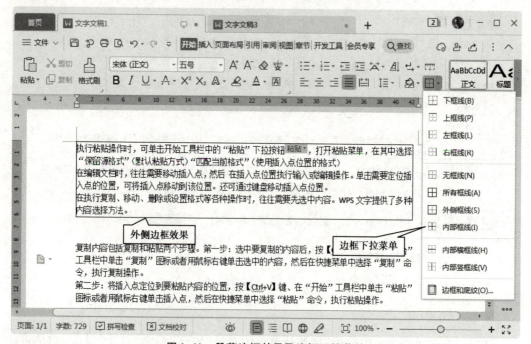

图1.40 "段落"对话框

5）设置段落边框

在"开始"工具栏中单击"边框"按钮，可为选中内容所在的段落添加或取消边框。单击"边框"按钮右侧的向下按钮，打开边框下拉菜单，在其中可选择设置各种边框，包括取消边框。图1.41展示了添加外侧框线效果以及边框下拉菜单。

图1.41 段落边框效果及边框下拉菜单

6）设置底纹

在"开始"工具栏中单击"底纹颜色"按钮，可为所选内容添加或取消底纹；无选中内容时，为插入点所在的段落添加或取消底纹。单击"底纹颜色"按钮右侧的向下按钮，打开下拉菜单，在其中可选择底纹颜色或者取消底纹颜色。

7）设置项目符号和编号

在"开始"工具栏中单击"项目符号"按钮 ≔ 或"编号"按钮 ≔，可为所选段落添加项目符号和编号。单击"编号"按钮右侧的向下按钮，打开下拉菜单，在其中可选择编号类型或者取消编号。图1.42展示了编号效果及编号下拉菜单。

图1.42　编号效果及编号下拉菜单

8）设置段落首字下沉

首字下沉指段落的第一个字可占据多行位置。单击"插入"工具栏中的"首字下沉"按钮，打开"首字下沉"对话框，如图1.43所示。在对话框中，可将首字下沉位置设置为无、下沉或悬挂，可以设置首字的字体、下沉行数以及距正文的距离等。图1.44展示了下沉和悬挂效果。

图1.43　"首字下沉"对话框

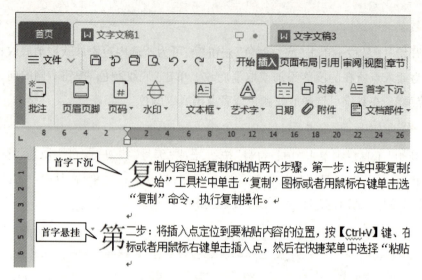

图 1.44　下沉和悬挂效果

1.4.4　页面布局

在 WPS 菜单栏中单击"页面布局"按钮,可显示"页面布局"工具栏,工具栏中的"页面设置"组中包含了页边距、纸张方向、纸张大小以及分栏等页面设置相关的工具按钮,如图 1.45 所示。

图 1.45　页面设置相关工具按钮

1)设置页边距

在"页面布局"工具栏中单击"页边距"按钮,可打开页边距下拉菜单,在其中可选择常用页边距。也可在"页面布局"工具栏中的"上""下""左""右"数值输入框中输入页边距。

在"页面布局"工具栏中,单击"页边距"按钮,打开页边距下拉菜单,在菜单中选择"自定义页边距"命令,打开"页面设置"对话框的"页边距"选项卡,如图 1.46 所示。"页边距"选项卡包含了页边距、纸张方向、页码范围和应用范围等设置。在"应用于"下拉列表中,可选择将当前设置应用于整篇文档、本节或插入点之后。"页面设置"对话框的"页边距""纸张""版式""文档网格""分栏"等选项卡中均有"应用于"下拉列表,用于选择设置的应用范围。

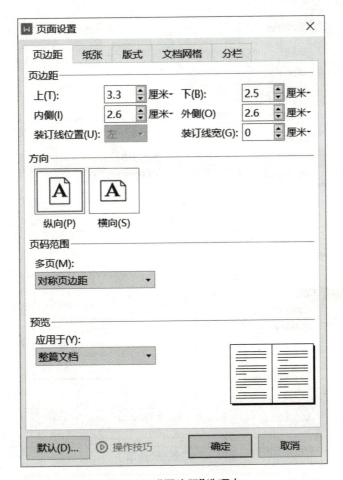

图 1.46 "页边距"选项卡

2）设置纸张方向

在"页面布局"工具栏中单击"纸张方向"按钮,可打开纸张方向下拉菜单,在其中可选择纸张方向。

3）设置纸张大小

在"页面布局"工具栏中单击"纸张大小"按钮,可打开纸张大小下拉菜单,在其中可选择纸张大小。单击菜单底部的"其他页面大小"命令可打开"页面设置"对话框的"纸张"选项卡,如图 1.47 所示。在对话框中可自定义纸张大小。

4）文档分栏

文档分栏可使整个文档或部分文档内容在一个页面中按两栏或多栏排列。在"页面布局"工具栏中单击"分栏"按钮,可打开分栏下拉菜单,在其中可选择分栏方式,选择菜单中的"更多分栏"命令,可打开"分栏"对话框,如图 1.48 所示。在对话框中的"预设"栏中,可选择预设的分栏方式。在"栏数"数值输入框中可输入分栏数量。设置了分栏数量后,可分别设置每一栏的宽度和间距。在"应用于"下拉列表中可选择分栏设置的应用范围。"分栏"对话框和"页面设置"对话框中的"分栏"选项卡作用相同。

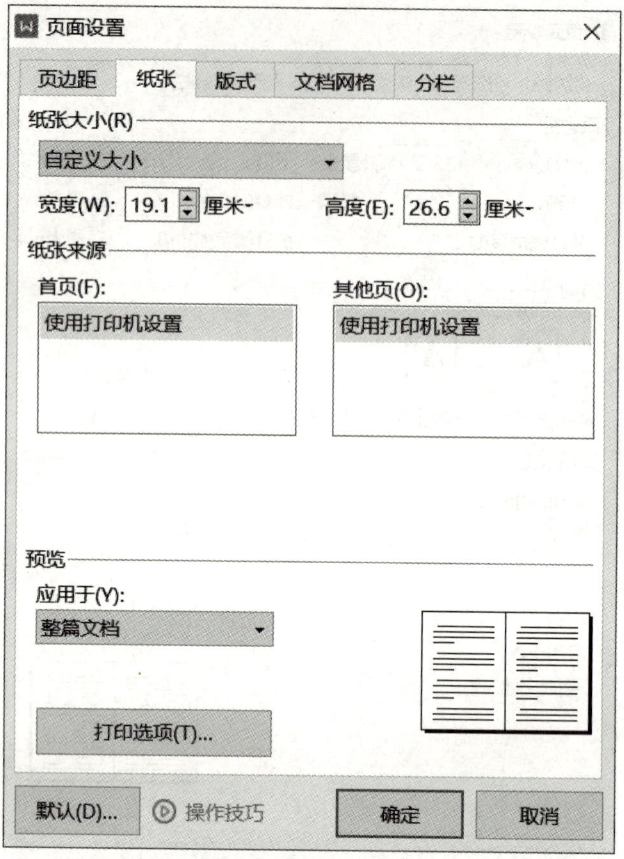

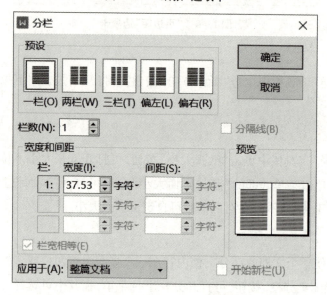

图 1.47 "纸张"选项卡

图 1.48 "分栏设置"对话框

　　当需要使较少的内容占据一栏时,可在文档中插入分栏符,分栏符之后的内容会在下一栏中开始显示。将插入点定位到需要分栏的位置,然后单击"页面布局"工具栏中的"分隔符"按钮,打开分隔符下拉菜单,选择其中的"分栏符"命令插入分栏符号。

分隔符下拉菜单中的"下一页分节符"命令用于插入下一页分节符,下一页分节符用于分隔下一页的内容。被下一页分节符分隔的前后页面的纸张大小、纸张方向、页边距、分栏等设置可以不同。图 1.49 展示了使用分栏符、下一页分节符和三栏布局的效果。

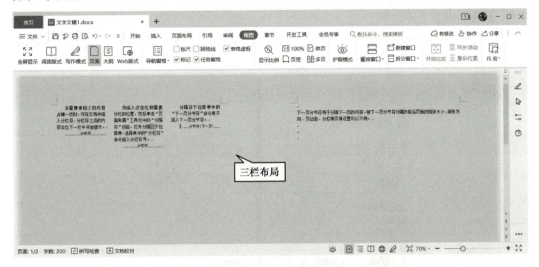

图 1.49　使用分栏符、下一页分节符和三栏布局

5)设置页面边框

设置页面边框的操作步骤如下:

①在"页面布局"工具栏中单击"页面边框"按钮,打开"边框和底纹"对话框的"页面边框"选项卡,如图 1.50 所示。

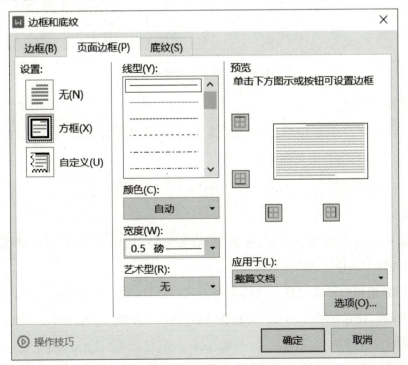

图 1.50　"页面边框"选项卡

②在"设置"列中,选择"方框"或"自定义"。在"线型"列表中选择边框线型,在"颜色"下拉列表中选择边框颜色,在"宽度"数值框中设置边框宽度,在"艺术型"下拉列表中选择边框图片样式,在"应用于"下拉列表中选择设置的应用范围。在设置列中选择"无"选项可取消页面边框。

③单击"选项"按钮,打开"边框和底纹选项"对话框,如图1.51所示。设置好边框距离正文的相关选项。

④设置完成后,单击"确定"按钮关闭对话框。

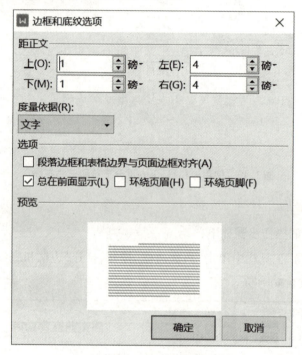

图1.51　边框和底纹选项

6)设置页面背景

在"页面布局"工具栏中单击"背景"按钮,打开背景下拉菜单,可从菜单中选择颜色、图片、纹理、水印等作为页面背景。

7)插入页眉页脚

(1)页眉

双击页眉顶端,输入页眉内容,单击"页眉和页脚"选项卡中的"页眉横线"下拉按钮,在下拉按钮中选择合适的页眉横线。

在"开始"选项中可以设置页眉的对齐方式,也可以对页眉文字进行字体、字号、颜色、字形等设置,设置完毕后,单击"页眉和页脚"选项卡中的"关闭"按钮,即可查看效果。

(2)页脚

双击页面底端,显示"插入页码"浮动工具栏,单击"插入页码"按钮,在打开的下拉面板中可设置页码样式、位置等，单击"确定"按钮，即可查看文档中插入的页码。

1.5 打印文档

在 WPS 中，文字、表格和演示等文档的打印预览和打印操作基本相同。

1.5.1 打印预览

打印预览可查看文档的实际打印效果。在快捷工具栏中单击"文件"按钮，打开文件菜单，在其中选择"打印\打印预览"命令，文档窗口切换为打印预览模式，如图 1.52 所示。

在工具栏中，单击"单页"按钮，可在窗口中显示一个页面；单击"双页"按钮，可在窗口中同时显示两个页面；在"显示比例"下拉列表中可选择缩放比例来查看页面效果；单击"关闭"按钮，可退出打印预览。

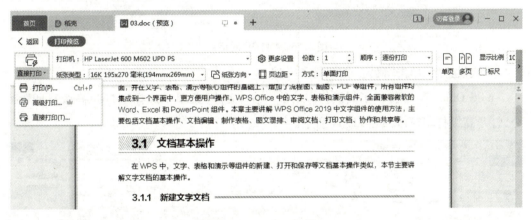

图 1.52　打印预览模式

1.5.2 打印文档

在"文件"菜单中选择"打印\打印"命令，或单击快捷工具栏中的"打印"按钮，或按"Ctrl+P"键，可打开"打印"对话框，如图 1.53 所示。

WPS 默认使用系统的默认打印机完成打印，可在"名称"下拉列表中选择其他打印机。

在"页面范围"栏中，选择"全部"表示打印文档的全部内容；选择"当前页"表示只打印插入点所在的页面；选择"页面范围"，可输入要打印的页面页码。

在"副本"栏中的"份数"数字框中，可输入打印份数，默认份数为 1。

在"并打和缩放"栏的"每页的版数"下拉列表中，可选择每页打印的页面数量；在"按纸型缩放"下拉列表中，可选择纸张类型，打印时将根据纸张类型缩放。

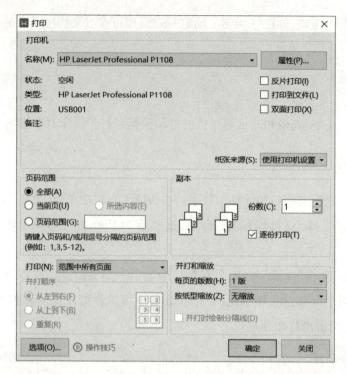

图1.53 "打印"对话框

完成设置后,单击"确定"按钮打印文档。

WPS Office 2019 提供了高级打印功能。在"文件"菜单中选择"打印\高级打印"命令,打开高级打印窗口,如图1.54所示。

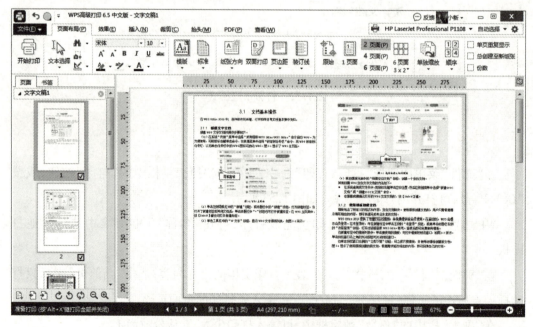

图1.54 高级打印窗口

高级打印窗口提供了页面布局、效果、插入、裁剪、抬头、PDF 等菜单,可进行打印相关的各项设置,设置完成后,单击"开始打印"按钮打印文档。

1.6　协作和共享

WPS 通过网盘实现文档的协作和共享。要使用协作和共享,需要作者和协作者(或分享人)注册 WPS 会员,并将文档保存到 WPS 网盘。WPS 网盘中的文档称为云文档。

1.6.1　协作编辑

协作编辑指多人在线同时编辑文档。在 WPS 中切换到协作模式,然后分享文档即可邀请他人参与编辑文档。

发起协作的操作步骤如下:

①打开文档。

②单击窗口右上角的"协作"按钮,打开协作菜单,在菜单中选择"进入多人编辑"命令,可切换到协作模式。图 1.55 显示了文档的协作模式窗口。

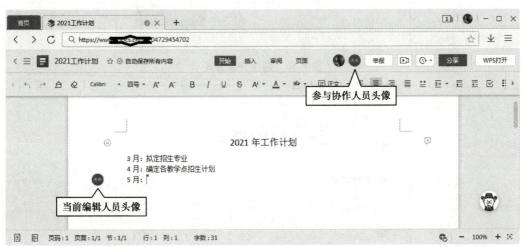

图 1.55　协作模式窗口

③单击右上角的"分享"按钮,打开"分享"对话框。首次分享文件时,可选择分享方式,如图 1.56 所示。在对话框中可选择公开分享(其他人通过分享链接即可查看或编辑文档)或指定范围分享(指定联系人加入分享),选定分享方式后,单击"创建并分享"按钮,打开邀请他人加入分享界面,如图 1.57 所示。

④在邀请他人加入分享界面中,可修改分享方式和分享期限。分享方式为公开分享时,可单击"获取免登录链接"按钮,获取免登录链接,即其他人不需要登录 WPS 账号即可参与分享。单击"复制链接"按钮,可将分享链接复制到剪贴板,以便通过 QQ、微信或其他方式发送给其他人员。其他人可在浏览器中访问链接,参与文档编辑。单击"从通

讯录选择"按钮,可打开通讯录选择分享人员。在对话框中单击"添加联系人"按钮,可添加联系人。在联系人列表中,可通过单击选中联系人,将其加入右侧的已选择列表中。最后,单击"确定"按钮,完成邀请操作。

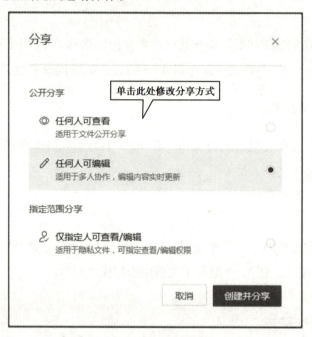

图 1.56　选择分享方式

图 1.57　邀请他人加入分享界面

在分享文档时,如果包含了"可编辑"权限,其他人员即可进入文档的协作模式。

在协作模式窗口中,单击右上角的"WPS 打开"按钮,可退出协作模式。

1.6.2　分享文档

分享文档指将文档分享给其他人或者其他设备,协作编辑也属于分享文档。

在 WPS 首页中,单击左侧导航栏中的"文档"按钮,显示文档管理页面。在文档管理页面左侧单击"我的云文档"按钮,查看存储于 WPS 网盘中的文档,如图 1.58 所示。

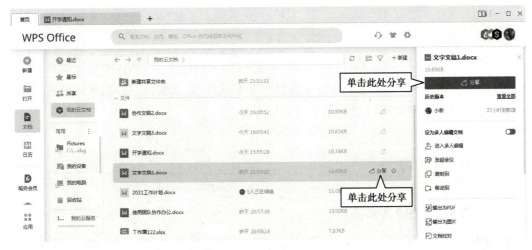

图 1.58　查看"我的云文档"

可使用下列方法分享文档:

方法一:单击选中文档时,页面右侧会显示文件操作窗格,在窗格中单击"分享"按钮分享文档。

方法二:鼠标指向文件列表中的文档时,WPS 也会在文档所在行的右端显示"分享"链接,单击链接分享文档。

方法三:鼠标右键单击文件列中的文档,在快捷菜单中选择"分享"命令分享文档。

方法四:已打开文档时,可在文档编辑窗口的右上角单击"分享"按钮分享文档。

情景二
WPS表格

WPS 表格是 WPS 办公软件的一个主要组件,用于制作电子表格,如销售报表、业绩报表、工资发放表等。本章主要介绍工作簿的基本操作、数据编辑、公式、格式设置、数据分析、数据图表、数据安全以及打印工作表等内容。

2.1　工作簿窗口组成

工作簿窗口如图 2.1 所示。

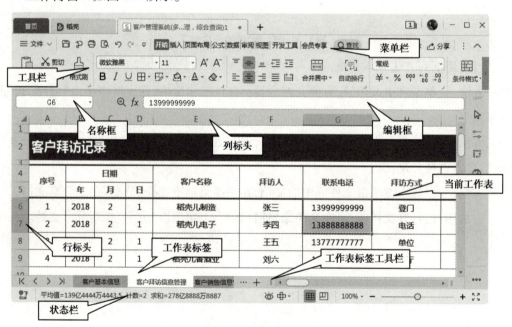

图 2.1　工作簿窗口

- 菜单栏:显示菜单按钮,单击按钮可显示相应的工具栏。
- 工具栏:显示各种命令按钮,单击按钮执行相应操作。
- 名称框:显示当前单元格名称,列名称和行编号组成单元格名称。例如,G6 为第 G 列第 6 行的单元格。
- 编辑框:用于显示和编辑当前单元格数据。
- 列标头:显示列名称,单击可选中对应列。列名称用大写字母表示,从第一列开始

依次用 A、B、C、…、Z 等表示，单字母排序完后，则在单字母后增加一个字母，如
AA、AB、AC、…、AZ，BA、BB、…、BZ，AAA、AAB、…、AAZ，等等。

- 行标头：显示行编号，单击可选中对应行。行编号为数字，编号从 1 开始。
- 状态栏：显示选中单元格平均值、计数等统计结果，以及包含缩放等工具。
- 当前工作表：工作簿可包含多个工作表，当前工作表显示在编辑窗口中。
- 工作表标签工具栏：包含了用于管理工作表的命令按钮和工作表标签。
    - 工作表导航按钮：单击"第一个"按钮Ｋ可使第一个工作表成为当前工作表；单击"前一个"按钮〈可使前一个工作表成为当前工作表；单击"后一个"按钮〉可使后一个工作表成为当前工作表；单击"最后一个"按钮〉可使最后一个工作表成为当前工作表。
    - 工作表标签：显示当前工作表名称，单击标签可使工作表成为当前工作表，双击标签可编辑工作表名称。
    - "切换工作表"按钮 … ：单击可打开工作表名称列表，在列表中单击工作表名称使其成为当前工作表。
    - "新建工作表"按钮 ＋ ：单击可添加一个新的空白工作表。

2.2 工作簿基本操作

2.2.1 新建工作簿

WPS 表格文档也称工作簿，一个工作簿可包含多个工作表，工作表由若干单元格组成。

1）新建空白表格文档

新建空白表格文档的操作步骤如下：

①在系统"开始"菜单中选择"WPS Office\WPS Office"命令启动 WPS。

②单击左侧导航栏中的"新建"按钮，或单击标题栏中的"＋"按钮，或按"Ctrl+N"键，打开新建标签。

③单击工具栏中的"S 表格"按钮，显示 WPS 表格模板列表，如图 2.2 所示。

④单击模板列表中的"新建空白文档"按钮，创建一个空白文档。

其他创建空白表格文档的方法如下：

- 在系统桌面或文件夹中，用鼠标右键单击空白位置，然后在快捷菜单中选择"新建\XLS 工作表"或"新建\XLSX 文档"命令。
- 在已打开的 WPS 表格文档窗口中，按"Ctrl+N"键。

图 2.2　WPS 表格模板列表

2）使用模板创建工作簿

模板包含了预设格式和内容（空白文档除外）。在新建标签中的模板列表中，单击要使用的模板，可打开模板预览窗口，如图 2.3 所示。单击预览窗口右上角的关闭按钮可关闭预览窗口。

图 2.3　模板预览窗口

单击预览窗口右侧的"立即下载"按钮，可下载模板，并用其创建新工作簿。图 2.4 展示了使用模板创建的新工作簿。

图2.4 使用模板创建的新工作簿

使用模板创建的工作簿通常包含首页和多个预设格式的工作表,用户根据需要进行修改,即可完成创建专业水准的表格。

2.2.2 保存工作簿

单击快速访问工具栏中的"保存"按钮 $\boxed{}$,或在"文件"菜单中选择"保存"命令,或按"Ctrl+S"键,执行保存操作,可保存当前正在编辑的工作簿。

在"文件"菜单中选择"另存为"命令,执行另存为操作,可将正在编辑的工作簿保存为指定名称的新工作簿。保存新建工作簿或执行"另存为"命令时,都会打开"另存文件"对话框,如图2.5所示。在对话框中设置保存位置、文件名称和文件类型后,单击"保存"按钮完成保存操作。

WPS工作簿默认保存的文件类型为 Microsoft Excel 文件,文件扩展名为.xlsx,这是为了与微软的 Excel 兼容。还可将文档保存为 WPS 表格文件、WPS 表格模板文件、PDF 文件格式等10余种文件类型。完成设置后,单击"保存"按钮完成保存操作。

2.2.3 打开工作簿

在系统桌面或文件夹中双击工作簿图标,可启动 WPS,并打开文档。WPS 启动后,按"Ctrl+O"键,或在"文件"菜单中选择"打开"命令,打开"打开文件"对话框。在对话框的文件列表中双击文件可直接打开文件。也可在单击选中文件后,单击"打开"按钮打开文件。

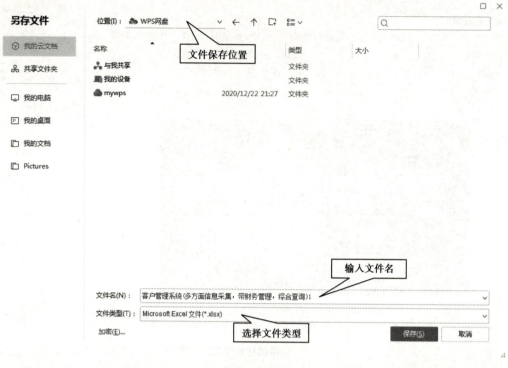

图2.5 "另存文件"对话框

2.2.4 工作表基本操作

1）新建工作表

默认情况下，工作簿仅包含一个工作表。为工作簿添加工作表的常用方法如下：

方法一：在工作表标签工具栏中单击"新建工作表"按钮。

方法二：按"Shift+F11"键。

方法三：在"开始"工具栏中单击"工作表"按钮，打开工作表下拉菜单，在菜单中选择"插入工作表"命令，打开"插入工作表"对话框。在"插入工作表"对话框中输入要插入的工作表数量，单击"确定"按钮。

方法四：用鼠标右键单击任意一个工作表标签，在快捷菜单中选择"插入工作表"命令，打开"插入工作表"对话框。在"插入工作表"对话框中输入要插入的工作表数量，单击"确定"按钮。

2）删除工作表

删除工作表的方法如下：

方法一：在"开始"工具栏中单击"工作表"按钮，打开工作表下拉菜单，在菜单中选择"删除工作表"命令。

方法二：用鼠标右键单击工作表标签，在快捷菜单中选择"删除工作表"命令。

被删除的工作表不能恢复,在删除时应慎重。

3)重命名工作表

WPS 默认使用 Sheet1、Sheet 2、Sheet 3 等作为工作表名称。WPS 允许修改工作表名称,方法如下:

方法一:双击工作表标签,使其进入编辑状态,然后修改名称。

方法二:用鼠标右键单击工作表标签,在快捷菜单中选择"重命名"命令,进入编辑状态,然后修改名称。

方法三:在"开始"工具栏中单击"工作表"按钮,打开工作表下拉菜单,在菜单中选择"重命名"命令,使当前工作表标签进入编辑状态,然后修改名称。

4)复制和移动工作表

(1)在当前工作簿中复制工作表

方法一:在"开始"工具栏中单击"工作表"按钮,打开工作表下拉菜单,在菜单中选择"复制工作表"命令。

方法二:用鼠标右键单击工作表标签,在快捷菜单中选择"复制工作表"命令。

方法三:按住"Ctrl"键,拖动工作表标签。

(2)移动工作表

在同一个工作簿中,拖动工作表标签可调整工作表之间的先后顺序。

可使用"移动或复制工作表"对话框来复制或者移动工作表。打开"移动或复制工作表"对话框的方法如下:

- 在"开始"工具栏中单击"工作表"按钮,打开工作表下拉菜单,在菜单中选择"移动工作表"命令。

- 用鼠标右键单击工作表标签,在快捷菜单中选择"移动工作表"命令。

  "移动或复制工作表"对话框如图2.6所示。在工作表名称列表中双击或单击工作表名称,再单击"确定"按钮,可将当前工作表移动到指定工作表之前。如果在对话框中选中"建立副本"复选框,可复制当前工作表。在对话框的"工作簿"下拉列表中选择其他已打开的工作簿,可将工作表移动或复制到另一个工作簿。

2.2.5 工作表的行列操作

1)选择单元格

选择单元格的方法如下:

- 选择单个单元格:单击单元格即可将其选中。选中单个单元格后,按方向键可选择相邻的单元格。

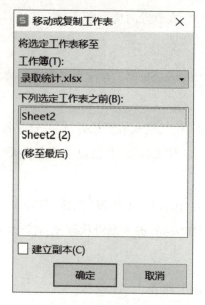

图2.6　移动或复制工作表

- 选择相邻的多个单元格：单击第一个单元格，按住鼠标左键拖动，选中相邻的多个单元格；也可单击第一个单元格，按住"Shift"键，再单击另一个单元格，可选中以这两个单元格为对角的矩形区域内的所有单元格。
- 选择分散的多个单元格：按住"Ctrl"键，单击分散的单个单元格或拖动鼠标选择多个相邻单元格。
- 选中所有单元格：按"Ctrl+A"键，或者单击工作表左上角的工作表选择按钮◪，选中全部单元格。

2）选择行或列

选择行或列的方法如下：

- 选择单个行或列：单击列标头可选中该行或列。
- 选择相邻的多个行或列：单击要选择的第一列的列标头，按住"Shift"键，再按左右方向键选中相邻的多个列；或者在要选择的第一列列标头上按住鼠标左键拖动，选中相邻的多个列。选择相邻的多个行方法相同。
- 选择分散的多个行或列：若单击选择分散的列，按住"Ctrl"键，单击其他列的列标头选中分散的单个列，或者在列标头上按住鼠标左键拖动选中多个不连续的相邻多个列。选择分散的多个行方法相同。

3）工作表插入操作

（1）插入单元格

方法一：用鼠标右键单击单元格（该单元格称为活动单元格），然后在快捷菜单中选择"插入\插入单元格，活动单元格右移"或"插入\插入单元格，活动单元格下移"命令，插入单元格。

方法二：单击单元格，再单击"开始"工具栏中的"行和列"按钮，打开下拉菜单，在菜单中选择"插入单元格\插入单元格"命令，打开"插入"对话框，在对话框中选择"活动单元格右移"或者"活动单元格下移"选项，单击"确定"按钮完成插入单元格。

（2）插入行或列

方法一：单击单元格或行列头，再单击"开始"工具栏中的"行和列"按钮，打开下拉菜单，在菜单中选择"插入单元格\插入行"命令。

方法二：用鼠标右键单击单元格或行列标头，然后在快捷菜单中选择"插入"命令插入一行；可在"插入"命令右侧的"行数"数值框中输入要插入的行数，然后单击"插入"命令或按"Enter"键完成插入。

4）工作表删除操作

（1）删除单元格

方法一：用鼠标右键单击单元格，然后在快捷菜单中选择"删除\右侧单元格左移"或者"删除\下方单元格上移"命令完成删除单元格。

方法二：单击单元格或选中多个单元格，再单击"开始"工具栏中的"行和列"按钮，打开下拉菜单，在菜单中选择"删除单元格\删除单元格"命令，打开"删除"对话框，在对话框中选择处理方式，单击"确定"按钮完成删除单元格。

（2）删除行和列

方法一：用鼠标右键单击行（列）标头，然后在快捷菜单中选择"删除"命令。

方法二：选中要删除的行（列）中的任意一个单元格，单击"开始"工具栏中的"行和列"按钮，打开下拉菜单，在菜单中选择"删除单元格\删除行"或"删除单元格\删除列"命令。

5）调整列宽

默认情况下，所有列的宽度相同，可用下面的方法调整列宽。

方法一：将鼠标指向列标头之间的分隔线，指针变为 ✛ 时，按住鼠标左键，左右拖动鼠标调整列宽。

方法二：将鼠标指向列标头之间的分隔线，指针变为 ✛ 时，双击鼠标左键，可自动调整列宽。

方法三：选中要调整高度的列，再用鼠标右键单击选中的列，在快捷菜单中选择"列宽"命令，打开"列宽"对话框，在对话框中设置列宽，然后单击"确定"按钮完成调整列宽。

方法四：选中要调整高度的列，单击"开始"工具栏中的"行和列"按钮，打开下拉菜单，在菜单中选择"列宽"命令，打开"列宽"对话框，在对话框中设置列宽，然后单击"确定"按钮完成调整列宽。

6) 合并单元格

合并单元格指将多个相邻单元格合并为一个单元格,WPS提供了多种合并方法。

（1）合并居中

合并选中单元格,只保留选中区域中左上角单元格数据,并水平居中显示,不改变原先的垂直方向对齐格式。合并方法为:选中单元格后,单击"开始"工具栏中的"合并居中"下拉按钮,打开下拉菜单,在菜单中选择"合并居中"命令完成合并;或者用鼠标右键单击选中的单元格,然后在快捷工具栏中单击"合并"下拉按钮,打开下拉菜单,在菜单中选择"合并居中"命令完成合并。图2.7展示了合并居中效果。

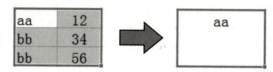

图2.7 合并居中效果

（2）合并单元格

合并选中单元格,只保留选中区域中左上角单元格数据,对齐方式不变。合并方法为:选中单元格后,单击"开始"工具栏中的"合并居中"下拉按钮,打开下拉菜单,在菜单中选择"合并单元格"命令完成合并;或者用鼠标右键单击选中的单元格,然后在快捷工具栏中单击"合并"下拉按钮,打开下拉菜单,在菜单中选择"合并单元格"命令完成合并。图2.8展示了合并单元格效果。

图2.8 合并单元格效果

（3）合并内容

合并选中单元格,保留所有单元格数据,在合并后的单元格中,数据自动换行,每个合并之前的单元格数据分别占一行,对齐方式以选中区域中左上角单元格为准。合并方法为:选中单元格后,单击"开始"工具栏中的"合并居中"下拉按钮,打开下拉菜单,在菜单中选择"合并内容"命令完成合并。图2.9展示了合并内容效果。

图2.9 合并内容效果

（4）跨列合并

适用于选中区域包含多个列多个行时的情况。可分别合并选中区域内每行中的数据，只保留每行中最左侧单元格数据。合并方法为：选中单元格后，单击"开始"工具栏中的"合并居中"下拉按钮，打开下拉菜单，在菜单中选择"按行合并"命令完成合并；或者用鼠标右键单击选中单元格，然后在快捷工具栏中单击"合并"下拉按钮，打开下拉菜单，在菜单中选择"跨列合并"命令完成合并。图2.10展示了跨列合并效果。

图2.10 跨列合并效果

（5）跨列居中

适用于选中区域内，如果行中只有最左侧单元格有数据的情况。可将该行中的数据跨列居中显示，否则将在单元格中居中显示。跨列居中仅设置显示效果，不合并单元格。合并方法为：选中单元格后，单击"开始"工具栏中的"合并居中"下拉按钮，打开下拉菜单，在菜单中选择"跨列居中"命令完成合并；或者用鼠标右键单击选中单元格，然后在快捷工具栏中单击"合并"下拉按钮，打开下拉菜单，在菜单中选择"跨列居中"命令完成合并。图2.11展示了跨列居中效果，其中，第1、2行实现跨列居中，第3行的两个单元格数据居中显示。

图2.11 跨列居中效果

（6）合并相同单元格

适用于选中区域只包含单个列的情况。可将包含相同数据的相邻单元格合并，去掉重复值。合并方法为：选中单元格后，单击"开始"工具栏中的"合并居中"下拉按钮，打开下拉菜单，在菜单中选择"合并相同单元格"命令完成合并。图2.12展示了合并相同单元格效果。

图2.12 合并相同单元格效果

2.3 数据编辑

2.3.1 快速填充数据

在同一行或列中在输入有规律的数据时,可使用自动填充功能。自动填充的操作方法为:选中用于填充的单个或多个单元格,然后将鼠标指向选择框右下角的填充柄,鼠标指针变为+时,按住鼠标左键拖动,填充相邻单元格。水平拖动将填充同一行中的单元格,垂直拖动将填充同一列中的单元格。

1)填充相同数据

填充相同数据指使用一个单元格或多个单元格中的数据进行填充。

完成填充时,WPS会显示填充选项按钮,单击按钮可打开填充选项菜单。图2.13展示了用一个单元格和多个单元格数据进行填充的结果及填充选项菜单。在填充选项菜单中可选择复制单元格、仅填充格式、不带格式填充或者智能填充。

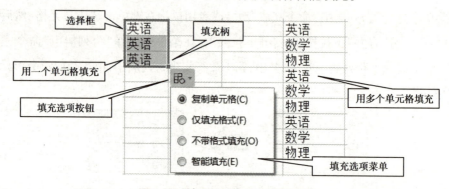

图2.13 填充结果及填充选项菜单

2)填充等差数列

这里的"等差数列"可以是数学意义上的等差数据,也可以是日常生活中使用的有序序列。例如,一月、二月……;星期一、星期二……;2001年、2002年……;等等。

如果差值为1或一,可输入第1个值,再执行填充。如果差值大于1或一,可输入前两个值,然后用这两个值执行填充。图2.14展示了各种填充数据。

一月	二月	三月	四月	五月
1	2	3	4	5
星期一	星期二	星期三	星期四	星期五
1	3	5	7	9
2001年	2004年	2007年	2010年	2013年

图2.14 填充序列

3）填充等比数列

对于数学中的等比数列，如1、2、4、8…可先输入前3项，然后用这3项执行填充。

2.3.2　数据类型

WPS表格数据的类型主要包括文本类型和数字类型。

1）文本类型

文本类型指由英文字母、数字、各种符号或其他语言符号组成的字符串，文本类型数据不能参与数值计算。文本类型数据默认左对齐。

数字位数超过11位时，WPS会自动将其识别为文本类型，并在数字前面添加英文单引号"'"，这种数据可称为数字字符串。单元格包含数字字符串时，其左上角会显示一个三角形图标进行提示。单击单元格，其左侧会显示提示按钮，单击按钮可打开提示菜单。图2.15展示了数字字符串的提示图标和提示菜单。数字字符串用于数值计算会导致结果出错，可从提示菜单中选择"转换为数字"命令，将其转换为数字类型。

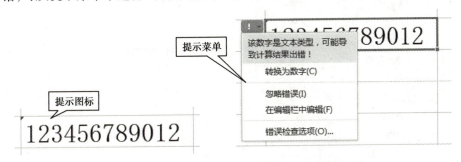

图2.15　数字字符串的提示图标和提示菜单

数字位数小于或等于11位时，WPS会将其识别为数字类型，默认右对齐。在单元格中输入以0开头的数字字符串时，如果长度小于6，WPS会忽略前面的0，将其识别为数字；如果长度大于或等于6，WPS自动将其识别为字符串，在其前面添加英文单引号。

在单元格中输入以0开头、长度小于6的数字字符串，结束输入时，单元格左侧会显示转换按钮，鼠标指向转换按钮可显示原始输入，单击转换按钮可将数据转换为文本类型，如图2.16所示。

图2.16　将数据转换为文本类型

可将文本类型的数字字符串转换为数字类型，转换方法为：选中包含数字字符串的单元格，在"开始"工具栏中单击"单元格"按钮，打开下拉菜单，在菜单中选择"文本转换成数值"命令完成转换；对于单个单元格中的数字字符串，还可使用前面介绍的方法，从提示菜单中选择"转换为数字"命令完成转换。

2）数字类型

数字类型数据可用于数值计算。单元格默认以常规方式显示数据，即文本左对齐、数字右对齐。可以将数字设置为常规、数值、货币、会计专用、日期、时间、文本等十余种显示格式，设置方法如下。

- 选中单元格，在"开始"工具栏中单击"数字格式"组合框右侧的下拉按钮打开下拉列表，从列表中选择显示格式。
- 选中单元格，在"开始"工具栏中单击"单元格"按钮，打开下拉菜单，在菜单中选择"设置单元格格式"命令，打开"单元格格式"对话框的"数字"选项卡，如图2.17所示。在选项卡的"分类"列表中选择数字显示格式。

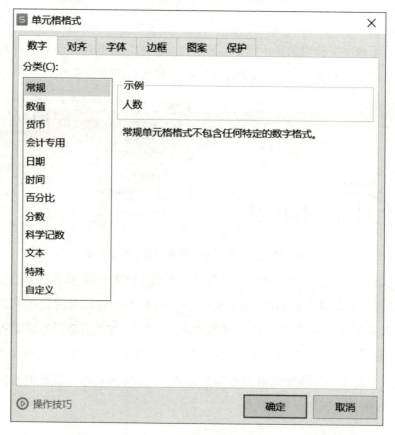

图2.17 "数字"选项卡

- 用鼠标右键单击选中单元格，在快捷菜单中选择"设置单元格格式"命令，打开"单元格格式"对话框的"数字"选项卡，在选项卡的"分类"列表中选择数字显示格式。
- 选中单元格，按"Ctrl+1"键打开"单元格格式"对话框的"数字"选项卡，在选项卡的"分类"列表中选择数字显示格式。

日期和时间数据本质上是数字,可在"单元格格式"对话框的"数字"选项卡中设置显示格式。在输入时,日期数据可使用"yyyy/mm/dd""yy/mm/dd""yy-mm-dd""yy年mm月dd日"等多种格式。

2.3.3 数据的复制和移动

1)复制数据

复制数据指将单个或多个单元格中的数据复制到其他目标单元格,目标单元格可以在同一个工作表、不同工作表或不同工作簿的工作表中。

复制数据的操作步骤如下:

①选中要复制的单元格。

②执行复制操作:按"Ctrl+C"键;或单击"开始"工具栏中的"复制"按钮;或用鼠标右键单击选中的单元格,然后在快捷菜单中选择"复制"命令。

③执行粘贴操作:单击目标单元格,按"Ctrl+V"键;或单击"开始"工具栏中的"粘贴"按钮;或用鼠标右键单击目标单元格,然后在快捷菜单中选择"粘贴"命令。

还可用拖动方式完成复制,具体方法为:选中要复制的单元格,将鼠标指向选择框边沿,在鼠标指针下方出现黑色十字箭头图标时,按住"Ctrl"键,按住鼠标左键将选中的单元格拖动到目标位置,完成复制。

执行粘贴操作时,粘贴的数据右下角会出现粘贴选项按钮,单击按钮可打开粘贴选项菜单,它与单击"开始"工具栏中的"粘贴"下拉按钮显示的菜单类似,也可从右键快捷菜单中的"选择性粘贴"子菜单中选择粘贴方式。默认粘贴操作会保留源格式,可在这3个菜单中选择其他粘贴方式,如图2.18所示。

例如,在复制公式时,如果只需要复制计算结果,可在菜单中选择"值";要在粘贴时将行列互换,可在菜单中选择"转置"。

2)移动数据

移动数据指将单个或多个单元格中的数据移动到其他目标单元格,目标单元格可以在同一个工作表、不同工作表或不同工作簿的工作表中。复制数据时,原单元格中的数据不变;移动数据时,原单元格中的数据将被删除。

移动数据的操作步骤如下:

①选中要移动的单元格。

②执行剪切操作:按"Ctrl+X"键;或单击"开始"工具栏中的"剪切"按钮;或用鼠标右键单击选中的单元格,然后在快捷菜单中选择"剪切"命令。

③执行粘贴操作:单击目标单元格,按"Ctrl+V"键;或单击"开始"工具栏中的"粘贴"按钮;或用鼠标右键单击目标单元格,然后在快捷菜单中选择"粘贴"命令。

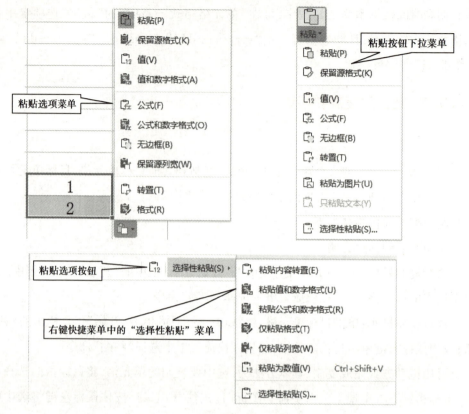

图 2.18　选择其他粘贴方式

还可用拖动方式完成移动,具体方法为:选中要移动的单元格,将鼠标指向选择框边沿,在鼠标指针下方出现黑色十字箭头图标时,按住鼠标左键将选中单元格数据拖动到目标位置,完成移动。

执行复制和剪切操作时,都是将数据复制到系统剪贴板,所以可在其他的工作簿文件或其他的应用程序中执行粘贴操作,将复制的表格数据粘贴到目标应用中。

2.3.4　删除和清除数据

删除数据的方法如下:

- 选中单元格,按"Delete"键。单个单元格可按"Backspace"键删除数据。选中多个单元格时按"Backspace"键只能删除选中区域左上角的单个单元格数据。

- 选中单元格,单击"开始"工具栏中的"单元格"按钮,打开下拉菜单,在菜单的"清除"命令子菜单中选择清除全部或清除内容命令,删除单元格数据;在"清除"命令子菜单中选择清除格式可只清除格式,不删除数据。

- 用鼠标右键单击选中单元格,在快捷菜单的"清除内容"命令子菜单中选择清除全部或清除内容,删除单元格数据;在"清除内容"子菜单中选择清除格式可仅清除格式,不删除数据。

选择清除内容时,不影响单元格格式。选择清除格式时,不影响单元格中的数据。

2.4 使用公式

2.4.1 编辑公式

公式是单元格中以"="开始,由单元格地址、运算符、数字及函数等组成的表达式,单元格中显示公式的计算结果。

在输入公式时,可在单元格或编辑框中编辑公式。在需要输入单元格地址时,可单击单元格或拖动鼠标选择单元格区域,将对应单元格地址添加到公式中。如果是修改原有的单元格地址,可先在公式中选中该地址,然后单击其他的单元格或拖动鼠标选择单元格区域,用新单元格地址替换公式中的原有地址。

默认情况下,单元格显示公式的计算结果。单击"公式"工具栏中的"显示公式"按钮,可切换单元格中是显示公式还是显示计算结果。

2.4.2 使用函数

函数用于在公式中完成各种复杂的数据处理。例如,SUM( )函数用于计算指定单元格的和,LEN( )函数用于计算文本字符串中的字符个数。

WPS 中的函数可分为下列类型:

- 财务函数:用于执行财务相关的计算。例如,ACCRINT( )函数用于返回到期一次性付息有偿证券的应计利息。
- 日期和时间函数:用于执行日期与时间相关的计算。例如,HOUR( )函数用于返回时间中的小时数值,MONTH( )函数用于返回日期中的月份数值。
- 数学和三角函数:用于执行数学和三角函数相关的计算。例如,ABS( )函数返回给定数字的绝对值,ASIN( )用于返回给定参数的反正弦值。
- 统计函数:对数据执行统计分析。例如,MAX( )函数用于返回一组数据中的最大值。
- 查找与引用函数:用于执行查找或引用相关的计算。例如,MATCH( )函数用于返回在指定方式下与指定项匹配的数组元素中元素的相应位值。
- 数据库函数:将单元格区域作为数据库来执行相关计算。例如,DSUM( )函数用于返回数据库中符合条件记录的数字字段的和。
- 文本函数:用于对文本字符串执行相关计算。例如,LEFT( )函数用于返回文本字符串从第一个字符开始的指定个数的字符。
- 逻辑函数:用于执行逻辑运算。例如,IF( )函数用于在给定条件成立时返回一个值,条件不成立时返回另一个值。
- 信息函数:用于获取数据的相关信息。例如,TYPE( )函数用于返回数据的类型。

- 工程函数:用于执行工程相关计算。例如,IMSUM()函数用于计算复数的和。

在编辑公式时,可直接输入函数,也可通过工具栏和菜单来插入函数。通过工具栏和菜单来插入函数的方法如下所述。

- 单击"开始"工具栏中的"求和"按钮∑,插入求和函数 SUM()。
- 单击"开始"工具栏中的"求和"下拉按钮 求和▾,打开函数菜单,从菜单中选择"求和""平均值""计数""最大值"或"最小值"命令,插入相应的函数。
- 单击"开始"工具栏中的"求和"下拉按钮 求和▾,打开函数菜单,从菜单中选择"其他函数"命令,打开"插入函数"对话框,如图2.19所示。可在对话框的"查找函数"输入框中输入函数的名称或描述信息来查找函数,或者在"或选择类别"下拉列表中选择函数类别,然后在"选择函数"列表中单击选中要插入的函数,最后单击"确定"按钮完成插入函数。

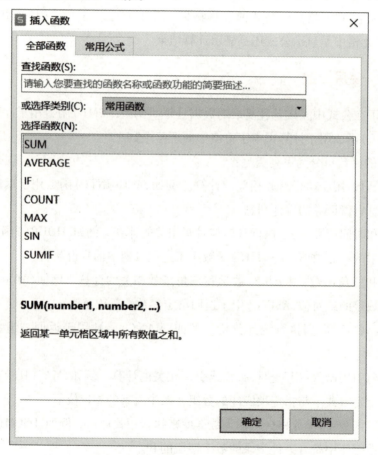

图2.19 "插入函数"对话框

- 单击"公式"工具栏中的"插入函数"按钮,打开"插入函数"对话框,用对话框插入函数。
- 单击"公式"工具栏中的函数类别按钮,打开相应函数列表,可在列表中选择插入函数。

当单元格中已经输入了函数或者在编辑公式时选中函数,在函数菜单选中"其他函数"命令时,会打开"函数参数"对话框,如图2.20所示。

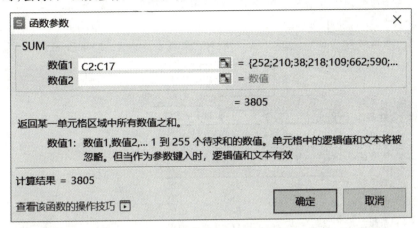

图2.20　"函数参数"对话框

"函数参数"对话框中的"数值1"和"数值2"输入框用于输入函数参数,函数参数可以是常量、单元格地址、单元格区域地址或其他函数。可以在对话框中直接输入单元格地址或单元格区域地址;也可先单击输入框,然后在表格中单击单元格或者拖动鼠标选择单元格区域,将对应单元格地址插入对话框。

2.5　格式设置

格式设置用于设置表格的外观,如数字显示格式、对齐方式、字体、边框、底纹等。

2.5.1　数字显示格式

"开始"工具栏中的数字格式组中的工具可用于设置数字显示格式,如图2.21所示。

"数字格式"组合框 数值 显示了选中单元格的数字格式。设置数字格式的方法如下:

- 在"数字格式"组合框输入格式名称,按"Enter"键确认。
- 单击"数字格式"组合框右侧的下拉按钮,打开格式列表,在列表中选择常用格式。
- 单击"货币"按钮￥,可将显示格式设置为"货币"。
- 单击"百分比"按钮%,可将显示格式设置为"百分比"。
- 单击"千位分隔样式"按钮ᵒᵒᵒ,可将显示格式设置为"数值",且使用千位分隔样式。
- 对于带有小数位的数值格式,可单击"增加小数位数"按钮增加小数部分的位数,或单击"减少小数位数"按钮减少小数部分的位数。

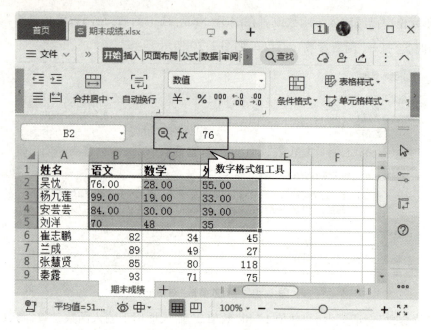

图2.21　数字格式组工具

- 单击数字格式组右下角的 ┘ 按钮，打开"单元格格式"对话框的"数字"选项卡，如图2.22所示，可在其中设置各种数字格式。

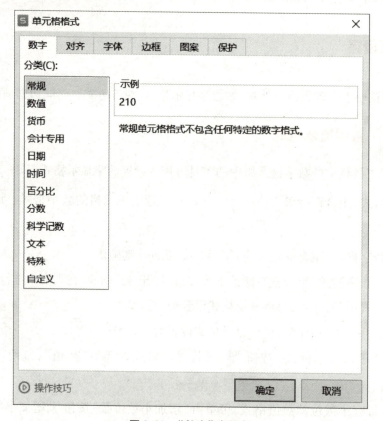

图2.22　"数字"选项卡

提示：可用多种方式打开"单元格格式"对话框，包括按"Ctrl+1"键；或单击"开始"工具栏中的"单元格"按钮，打开下拉菜单，在菜单中选择"设置单元格格式"；或用鼠标右键单击单元格，在快捷菜单中选择"设置单元格"命令。

2.5.2　对齐方式

对齐方式指数据在单元格内部的水平或垂直方向上的位置。文本的默认对齐方式为左对齐、垂直居中，即水平方向为左对齐、垂直方向为居中。数字的默认对齐方式为右对齐、垂直居中，即水平方向为右对齐、垂直方向为居中。

对齐选项如图 2.23 所示，对齐方式的设置方法如下：

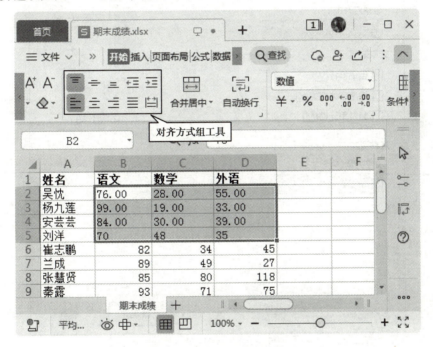

图 2.23　对齐方式组工具

- 单击"顶端对齐"按钮 ☰，将垂直方向的对齐方式设置为顶端对齐。

- 单击"垂直居中"按钮 ☰，将垂直方向的对齐方式设置为居中对齐。

- 单击"底端对齐"按钮 ☰，将垂直方向的对齐方式设置为底端对齐。

- 单击"左对齐"按钮 ☰，将水平方向的对齐方式设置为左对齐。

- 单击"水平居中"按钮 ☰，将水平方向的对齐方式设置为居中对齐。

- 单击"右对齐"按钮 ☰，将水平方向的对齐方式设置为右对齐。

- 单击"减少缩进量"按钮 ☰，可减少文字与单元格左侧边框的距离。

- 单击"增加缩进量"按钮 ⧩，可增加文字与单元格左侧边框的距离。
- 单击"两端对齐"按钮 ☰，可根据需要调整文字间距，使文字两端同时进行对齐。
- 单击"分散对齐"按钮 ⧉，可根据需要调整文字间距，使段落两端同时进行对齐。
- 单击"自动换行"按钮，可设置或取消自动换行。
- 单击对齐方式组右下角的 ⤵ 按钮，打开"单元格格式"对话框的"对齐"选项卡，可在其中设置各种对齐格式，如图 2.24 所示。

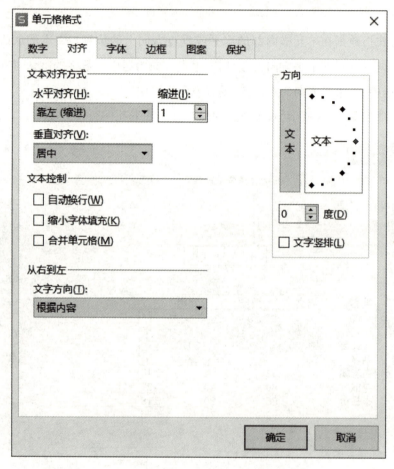

图 2.24 "对齐"选项卡

2.5.3 设置字体

"开始"工具栏中的字体设置组中的工具用于设置字体相关的选项，如图 2.25 所示。字体选项的设置方法如下：

- 设置字体名称：在"字体"组合框 [宋体 ▾] 中输入字体名称，按"Enter"键确认；或者单击"字体"组合框右侧的下拉按钮，打开字体列表，在其中选择字体名称。

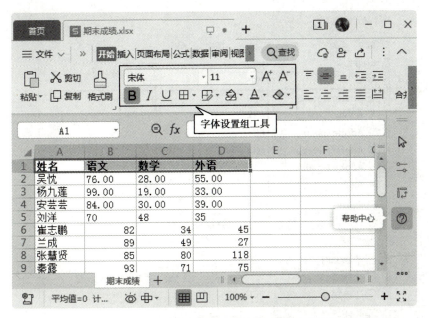

图 2.25　字体设置组工具

- 设置字号：在"字号"组合框 `11` 中输入字号，按"Enter"键确认；或者单击"字号"组合框右侧的下拉按钮，打开字号列表，在其中选择字号。单击"增大字号"按钮 **A⁺**，可增大字号；单击"减小字号"按钮 **A⁻**，可减小字号。
- 设置粗体效果：单击"加粗"按钮 **B**，可添加或取消加粗效果。
- 设置斜体效果：单击"倾斜"按钮 *I*，可添加或取消倾斜效果。
- 设置下划线效果：单击"下划线"按钮 **U**，可添加或取消下划线。
- 单击"字体颜色"按钮 **A**，可设置文字颜色，按钮会显示当前颜色。单击按钮右侧的下拉按钮，可打开颜色列表，在其中可选择其他颜色。
- 单击字体设置组右下角的 ⌐ 按钮，打开"单元格格式"对话框的"字体"选项卡，如图 2.26 所示，在其中可设置各种字体选项。

2.5.4　设置边框

默认情况下，表格没有边框，WPS 显示的灰色边框线只是用于示意边框位置。如果需要打印出边框，就需要手动设置边框。

"开始"工具栏的字体设置组中的"边框样式"按钮田显示了之前使用过的边框样式，单击按钮可为单元格设置该样式。单击"边框样式"按钮右侧的下拉按钮，可打开边框样式菜单，如图 2.27 所示。在菜单中可选择边框样式命令，选择其中的"其他边框"命令，可打开"单元格格式"对话框的"边框"选项卡，如图 2.28 所示，可在其中设置各种边框选项。

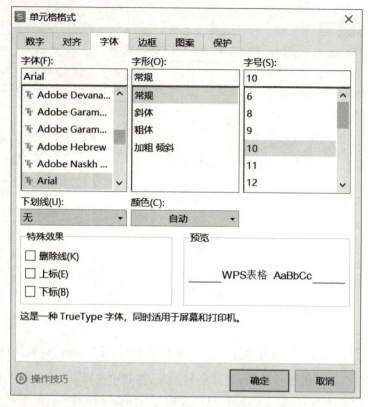

图2.26 "字体"选项卡

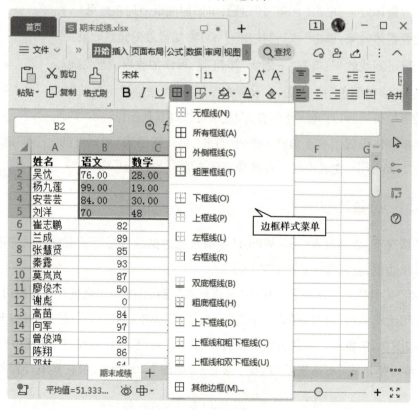

图2.27 边框样式菜单

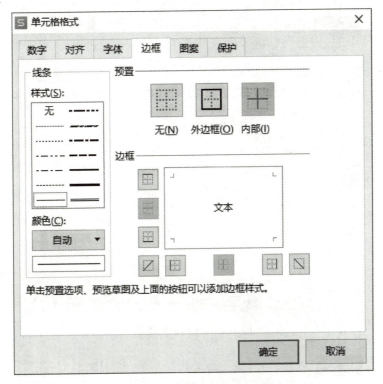

图 2.28　"边框"选项卡

WPS 还提供了绘制边框功能。单击"开始"工具栏的字体设置组中的"绘图边框"按钮右侧的下拉按钮,可打开绘制边框菜单,如图 2.29 所示。"绘图边框"按钮始终显示之前执行过的边框菜单命令。在菜单中选择"绘图边框"命令或"绘图边框网格"命令,可进入绘制边框状态,再次选择命令可退出绘制边框状态。选择"绘图边框"命令进入绘制边框状态时,拖动鼠标可为多个单元格添加外边框,或者绘制单条边框线。选择"绘图边框网格"命令进入绘制边框状态时,拖动鼠标可为多个单元格添加外边框以及内部所有网格线。在绘制边框下拉菜单的"线条颜色"命令的子菜单中可设置绘制边框使用的颜色,在菜单"线条样式"命令的子菜单中可设置绘制边框使用的线条样式。

2.5.5　设置填充颜色

填充颜色指单元格的背景颜色。"开始"工具栏的字体设置组中的"填充颜色"按钮显示了当前填充颜色,单击按钮可将当前填充颜色应用到选中单元格。单击"填充颜色"右侧的下拉按钮,可打开填充颜色菜单,如图 2.30 所示。在菜单中可选择填充颜色,选择菜单中的"无填充颜色"命令可取消填充颜色。

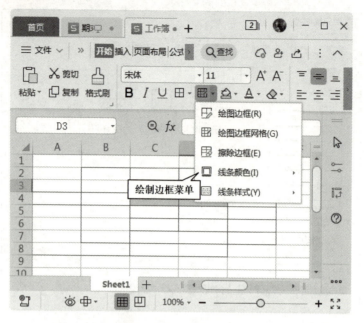

图 2.29　绘制边框菜单

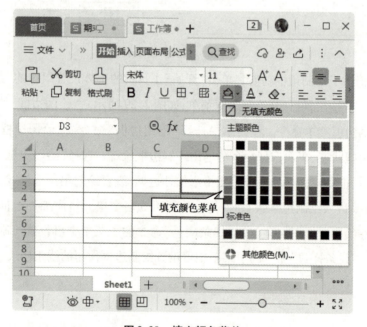

图 2.30　填充颜色菜单

2.5.6　条件格式

　　条件格式用于为单元格设置显示规则,满足规则条件时应用显示格式。例如,在成绩表中,可应用突出显示单元格规则,将小于 60 分的成绩用红色文本显示。

　　在"开始"工具栏中单击"条件格式"按钮,可打开条件格式下拉菜单,如图 2.31 所示。条件格式下拉菜单包含突出显示单元格规则、项目选取规则、数据条、色阶、图标集等条件格式,以及新建规则、清除规则和管理规则等命令。

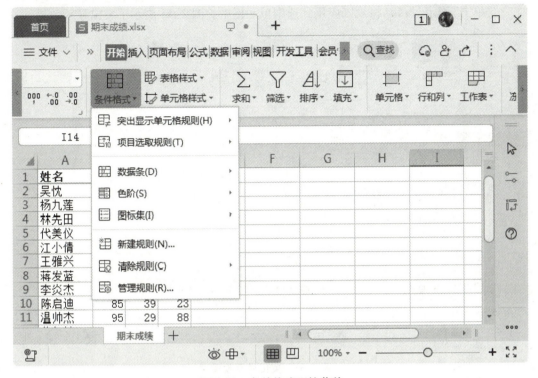

图 2.31　条件格式下拉菜单

1)突出显示单元格规则

突出显示单元格规则可将满足条件的单元格用填充颜色和文本颜色突出显示。设置突出显示单元格规则的步骤如下:

①选中要设置规则的单元格。

②在"开始"工具栏中单击"条件格式"按钮,打开条件格式下拉菜单。在菜单的"突出显示单元格规则"命令子菜单中,选择"大于""小于""介于""等于""文本包含""发生日期"或"重复值"命令,选择"其他规则"命令可自定义规则。各种突出显示单元格规则设置基本相同,图 2.32 展示了"小于"条件格式设置对话框。

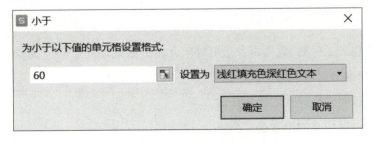

图 2.32　"小于"条件格式设置对话框

③在对话框左侧的输入框中输入指定数值,或者单击工作表的单元格将其地址插入输入框,以便引用单元格数据。

④在"设置为"下拉列表中选择显示格式。

⑤单击"确定"按钮,将规则应用到选中单元格中。图2.33展示了突出显示效果。

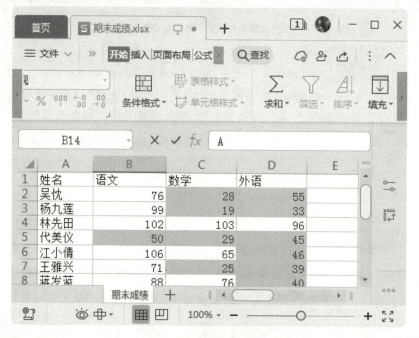

图2.33　突出显示效果

2)色阶

色阶可根据数值大小为单元格添加背景填充颜色,数值越接近,颜色越相近。设置色阶的步骤如下:

①选中要设置规则的单元格。

②在"开始"工具栏中单击"条件格式"按钮,打开条件格式下拉菜单。在菜单中选择"色阶"命令子菜单中选择预定义的色阶样式,选择"其他规则"命令可自定义规则。

图2.34展示了色阶效果,其中B列和C列分别设置了不同的色阶样式。

2.5.7　表格样式

表格样式包含了标题、数据以及边框等单元格的格式设置。WPS提供了多种预定义表格样式,用户也可以自定义样式。

为单元格设置表格样式的操作步骤如下:

①选中要设置样式的单元格。

②在"开始"工具栏中单击"表格样式"按钮,打开表格样式下拉菜单。在菜单中选择预设样式,选择"新建表格样式"命令可自定义样式。选择样式后,打开"套用表格样式"对话框,如图2.35所示。

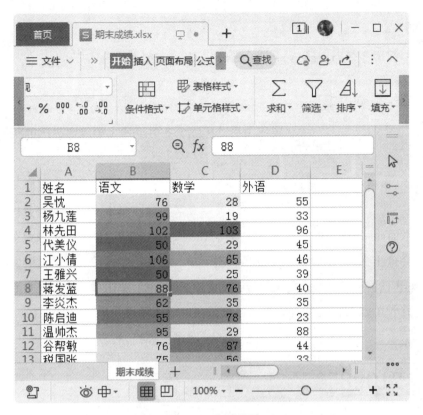

图2.34　色阶效果

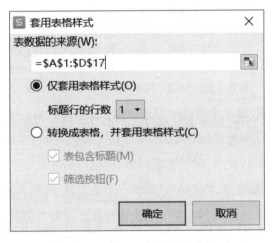

图2.35　"套用表格样式"对话框

③在"表数据的来源"输入框中输入要应用样式的单元格地址范围。可先单击输入框,然后在工作表中拖动鼠标选择单元格,将其地址插入输入框。选中"仅套用表格样式"选项,表示只将表格样式应用到选中单元格,同时可设置标题所占的行数。选中"转换成表格,并套用表格样式"选项,表示将选中单元格转换为表格,并应用表格样式格,同时可设置表格是否包含标题行以及是否显示筛选按钮。

④设置完成后,单击"确定"按钮关闭对话框。图2.36展示了表格样式效果。

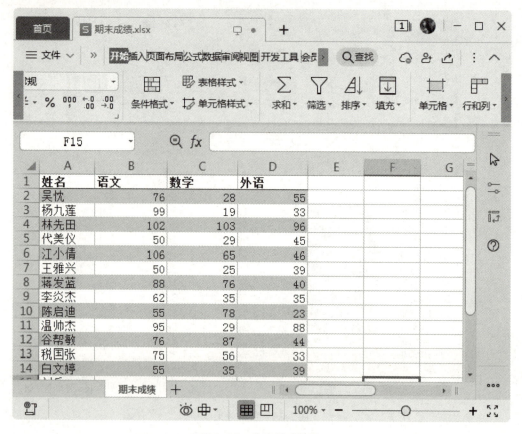

图 2.36　表格样式效果

2.6　数据图表

图表可以使用图形直观、形象地展示数据。本节主要介绍图表类型、创建图表、编辑图表等内容。

2.6.1　创建图表

WPS 中的图表可分为柱形图、折线图、饼图、条形图、面积图、散点图、股价图、雷达图、组合图等类型。

准备好用于创建图表的数据表格后，即可开始创建图表。可使用下列方法创建图表：

- 选中用于创建图表的数据区域，按"Alt+F1"键插入柱形图。
- 选中用于创建图表的数据区域，在"插入"工具栏中单击"全部图表"按钮，打开下拉菜单，在菜单中选择"全部图表"命令，打开"图表"对话框。在对话框中单击要使用的图表，完成插入图表。

- 选中用于创建图表的数据区域,在"插入"工具栏中单击"全部图表"按钮,打开下拉菜单,在菜单的"在线图表"命令子菜单中单击要使用的图表,完成插入图表。
- 选中用于创建图表的数据区域,在"插入"工具栏中单击"插入柱形图""插入条形图"等按钮,打开图表菜单,在菜单中单击要使用的图表,完成插入图表。

图 2.37 展示了工作表中插入的柱形图。

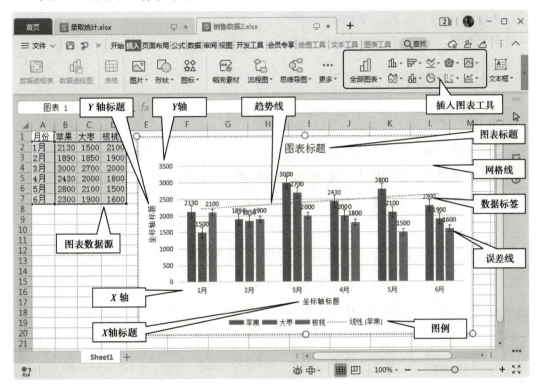

图 2.37　柱形图

2.6.2　图表的基本组成

图表由各种图表元素组成,不同类型的图表,其构成有所不同。常见的图表元素如下:

- 图表区:整个图表所在的区域。
- 绘图区:绘制图形和网格线的区域。
- 数据源:用于绘制图形的数据。
- 坐标轴:包括横坐标轴(X 轴)和纵坐标轴(Y 轴)。WPS 允许图表最多包含 4 条坐标轴:主横坐标轴、主纵坐标轴、次横坐标轴和次纵坐标轴。通常,X 轴显示数据系列,数据源中的每一个列为一个系列;Y 轴显示数值。
- 轴标题:X 轴和 Y 轴的名称。X 轴标题默认显示在 X 轴下方,Y 轴标题默认显示在 Y 轴左侧。

- 图表标题:图表的名称,默认显示在图表顶部居中位置。
- 数据标签:用于在图表中显示源数据的值。
- 数据表:在 X 轴下方显示的数据表格。
- 误差线:用于在图形顶端显示误差范围。
- 网格线:与坐标轴刻度对齐的水平或垂直网格线,用于对比数值大小。
- 图例:用颜色标明图表中的数据系列。
- 趋势线:根据数值变化趋势绘制的预测线。

2.6.3　编辑图表

1)添加或删除图表元素

为图表添加或删除图表元素的方法如下:

- 在图表中单击选中图表元素,按"Delete"键可将其删除。
- 用鼠标右键单击图表元素,在快捷菜单中选择"删除"命令将其删除。
- 单击选中图表,然后在"图表工具"工具栏中单击"添加元素"按钮,打开添加元素菜单,如图2.38 所示。可在菜单中对应图表元素的子菜单中选择命令添加或删除图表元素。

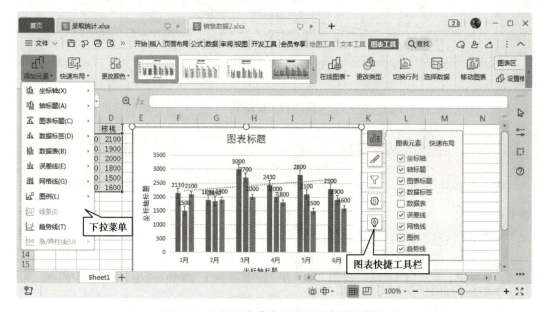

图 2.38　添加元素菜单及图标元素快捷菜单

- 单击选中图表,然后在出现的图表快捷工具栏中单击"图表元素"按钮,打开图表元素快捷菜单,如图2.38 所示。在菜单中选中图表元素复选框,可将其添加到图表中;取消复选框,可从图表中删除对应图表元素。

2）更改图表样式和布局

单击选中图表后，将鼠标指向"图表工具"工具栏中的预设样式列表中的样式，可预览样式效果；在预设样式列表中单击样式，可将其应用到图表。

在图表快捷工具栏中单击"图表元素"按钮，打开图表元素快捷菜单。在菜单中单击"快速布局"按钮显示快速布局选项卡，单击其中的样式可更改图表布局。

图 2.39 展示了"图表工具"工具栏中的预设样式列表和快捷工具栏中的快速布局选项卡。

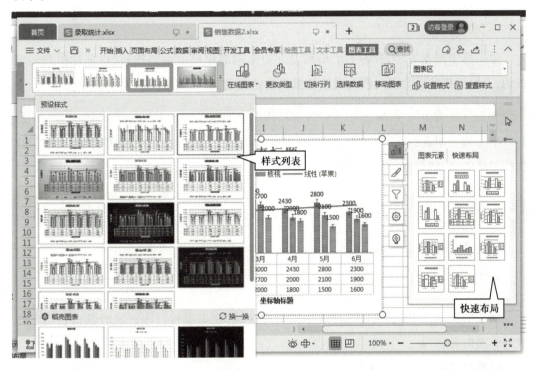

图 2.39　预设样式列表及快速布局选项卡

3）移动图表

可用下列方法移动图表：

- 在图表空白位置按住鼠标左键拖动，可移动图表位置。
- 单击选中图表，按"Ctrl+X"键剪切图表，然后单击放图表的新位置，再按"Ctrl+V"键粘贴图表。图表的新位置可以在同一个工作表或其他工作表中。
- 用鼠标右键单击图表，在快捷菜单中选择"移动图表"命令，打开"移动图表"对话框，或者在选中图表后，单击"图表工具"工具栏中的"移动图表"按钮，打开"移动图表"对话框，如图 2.40 所示。可在对话框中选择将图表移动到现有的工作表或新工作表中。

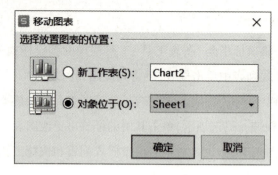

图 2.40　移动图表

4）调整图表大小

单击选中图表后，图表的 4 个角和上下边框中部会显示调整按钮，将鼠标指向调整按钮，当鼠标指针变为双向箭头时按住鼠标左键拖动，即可调整图表大小。

5）删除图表

单击选中图表后，按"Delete"键可将其删除，也可用鼠标右键单击图表空白位置，在快捷菜单中选择"删除"命令删除图表。

2.7　打印工作表

2.7.1　设置打印区域

默认情况下，WPS 会打印工作表中的打印区域，在未设置打印区域时默认打印工作表的全部内容。

设置打印区域的方法如下：

- 选中要打印的表格区域，在"页面布局"工具栏中单击"打印区域"按钮 。
- 选中要打印的表格区域，在"页面布局"工具栏中单击"打印区域"下拉按钮 打印区域▾，然后在菜单中选择"设置打印区域"命令。

在工作表中，打印区域的边框显示为虚线。若要取消打印区域，可在"页面布局"工具栏中单击"打印区域"下拉按钮 打印区域▾，然后在菜单中选择"取消打印区域"命令。

2.7.2　设置打印标题

打印标题指打印在每个页面顶部或者左侧的数据。打印在页面顶端的数据称为标题行，可以是单行或多行数据。打印在页面左侧的数据称为标题列，可以是单列或多列数据。

设置打印标题的方法为：在"页面布局"工具栏中单击"打印标题"按钮，打开"页面设置"对话框的"工作表"选项卡,如图 2.41 所示。在"顶端标题行"输入框中,可输入标题行的地址,如单行地址" $1:$1"、多行地址" $1:$2"等。在"左端标题列"输入框中,可输入标题列的地址,如单列地址" $A:$A"、多列地址" $A:$B"等。也可以先单击输入框,然后在表格中单击或拖动鼠标选择标题行或标题列。

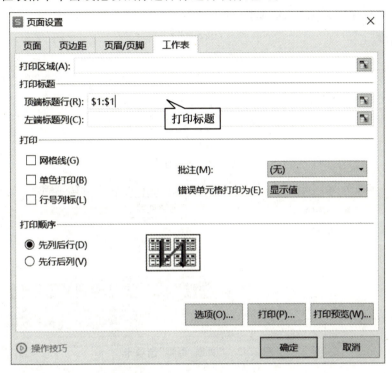

图 2.41 "工作表"选项卡

2.7.3 设置页眉和页脚

通常,可在页眉和页脚中设置表格名称、页码等附加的信息。设置页眉和页脚的方法为:在"页面布局"工具栏中单击"页眉页脚"按钮,打开"页面设置"对话框的"页眉/页脚"选项卡,如图 2.42 所示。

在"页眉"下拉列表中可选择预定义的页眉,也可单击"自定义页眉"按钮打开对话框自定义页眉内容。在"页脚"下拉列表中可选择预定义的页脚,也可单击"自定义页脚"按钮打开对话框自定义页脚内容。

选中"奇偶页不同"复选框时,可分别为奇数页码和偶数页码页面定义不同的页眉和页脚。选中"首页不同"复选框时,首页不打印页眉和页眉。

2.7.4 预览和打印

在"页面布局"工具栏中单击"打印预览"按钮,可切换到打印预览视图,如图 2.43 所示。打印预览视图显示页面的实际打印效果。在预览视图中,可进一步设置纸张大小、打印方向、页边距、页眉页脚等相关设置。默认情况下，按打印区域的实际尺寸进行打印，即无打印缩放。在"打印缩放"下拉列表中，可选择将整个工作表、所有列或者所有行打印在一页。在工具栏中单击"直接打印"按钮，可执行打印操作。

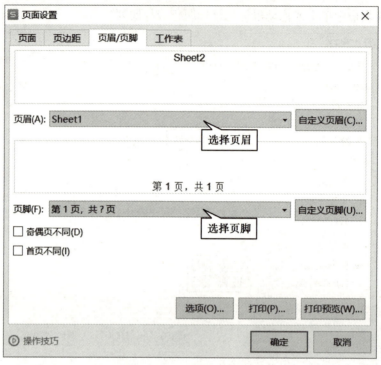

图 2.42 "页眉/页脚"选项卡

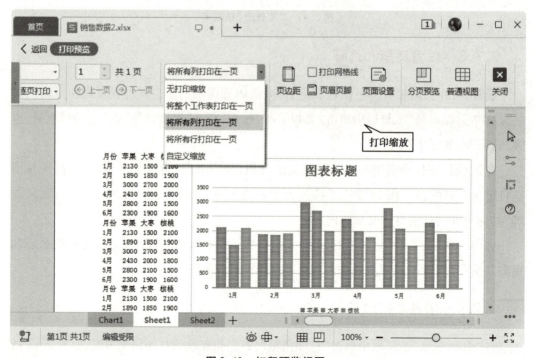

图 2.43 打印预览视图

情景三
WPS演示

　　WPS 演示是 WPS 办公软件的一个主要组件,用于制作多媒体演示文档(也称PPT)。本章主要介绍演示文档基本操作、幻灯片操作、编辑幻灯片、演示文档的放映以及演示文档打包等操作。

3.1　演示文档基本操作

3.1.1　新建演示文档

　　新建演示文档的操作步骤如下:

　　①在系统"开始"菜单中选择"WPS Office\WPS Office"命令启动 WPS。

　　②在 WPS 首页中,单击左侧导航栏中的"新建"按钮,或单击标题栏中的"+"按钮,或按"Ctrl+N"键,打开新建标签。

　　③单击工具栏中的"P 演示"按钮,显示 WPS 推荐模板列表,如图 3.1 所示。

　　④单击模板列表中的"新建空白文档"按钮,创建一个空白文档。

图 3.1　WSP 演示推荐模板列表

其他创建 WPS 空白演示文档的方法如下：

- 在系统桌面或文件夹中，用鼠标右键单击空白位置，然后在快捷菜单中选择"新建\PPT 演示文稿"或"新建\PPTX 演示文稿"命令。
- 在已打开的 WPS 演示文档窗口中按"Ctrl+N"键。

3.1.2　演示文档的窗口组成

图 3.2 展示了演示文档的普通视图窗口。WPS 演示文档窗口主要由菜单栏、快速访问工具栏、工具栏、大纲/幻灯片窗格、编辑区、状态栏等组成。

图 3.2　演示文档的普通视图窗口

- **菜单栏**：单击菜单栏中的按钮可显示对应的工具栏。
- **快速访问工具栏**：包含了保存、输出为 PDF、打印、打印预览、撤销、恢复等常用按钮。单击其中的"自定义快速访问工具栏"按钮 ▽，打开下拉菜单，在菜单中可选择在快速访问工具栏中显示的按钮；或者在菜单中选择"其他命令"命令打开对话框为快速访问工具栏添加按钮。
- **工具栏**：提供操作按钮，单击按钮执行相应的操作。
- **大纲/幻灯片窗格**：大纲窗格用于在普通视图时显示幻灯片大纲。幻灯片窗格用于在普通视图时显示所有幻灯片，单击可切换编辑区显示的幻灯片。
- **编辑区**：显示和编辑当前幻灯片。
- **状态栏**：显示演示文档信息，还包含视图切换工具和缩放工具。

3.1.3 保存演示文档

单击快速访问工具栏中的"保存"按钮，或在"文件"菜单中选择"保存"命令，或按"Ctrl+S"键，可保存当前正在编辑的文档。

在"文件"菜单中选择"另存为"命令，将正在编辑的文档保存为指定名称的新文档。保存新建文档或执行"另存为"命令时，会打开"另存文件"对话框，如图3.3所示。

图3.3 "另存文件"对话框

在"另存文件"对话框的左侧窗格中，列出了常用的保存位置，包括我的云文档、共享文件夹、此电脑、我的桌面、我的文档等。

"位置"下拉列表显示了当前保存位置，也可从下拉列表或文件夹列表中选择其他的保存位置。

在"文件名"输入框中输入文档名称，在"文件类型"下拉列表中可选择文件类型。WPS演示文档的默认保存文件类型为Microsoft PowerPoint文件，文件扩展名为.pptx，这是为了与微软的PowerPoint兼容。还可将文档保存为WPS演示文件、WPS演示模板文件、WPS加密文档格式、PDF文件格式等10余种文件类型。完成设置后，单击"保存"按钮完成保存操作。

3.2 幻灯片操作

3.2.1 切换视图

WPS 视图有 4 种模式:普通视图、幻灯片浏览视图、备注页视图和阅读视图。

1)普通视图

普通视图用于查看和编辑幻灯片,如图 3.2 所示。在"视图"工具栏或"状态栏"中单击"普通视图"按钮,可切换到普通视图。

在普通视图的大纲/幻灯片窗格中,可用下列方法选择幻灯片:

- 选择单张幻灯片:单击选中单张幻灯片。
- 选择连续多张幻灯片:首先单击第一张幻灯片,按住"Shift"键,再单击要选择的最后一张幻灯片,可选中这两张幻灯片以及它们之间的全部幻灯片。
- 选择不连续多张幻灯片:按住"Ctrl"键依次单击,可选择不连续的多张幻灯片。
- 选中全部幻灯片:先单击幻灯片窗格任意位置,再按"Ctrl+A"键,可选中全部幻灯片。

在状态栏中拖动缩放工具中的滑块或者在显示比例菜单中选择缩放命令,可调整编辑区中的幻灯片显示比例大小。将鼠标指向编辑区中的幻灯片,滚动鼠标中间键,可滚动窗口、切换幻灯片;按住"Ctrl"键滚动鼠标中间键,可缩放幻灯片。

2)幻灯片浏览视图

幻灯片浏览视图用于快速浏览幻灯片,如图 3.4 所示。在"视图"工具栏或"状态栏"中单击"幻灯片浏览"按钮,可切换到幻灯片浏览视图。

幻灯片浏览视图中,当前幻灯片显示红色边框,按"↓"键、"↑"键、"→"键、"←"键、"PageDown"键、"PageUp"键等可切换当前幻灯片。单击幻灯片也可将其设置为当前幻灯片。按"Enter"键可切换到普通视图,当前幻灯片将在编辑区显示。用鼠标双击幻灯片,可使其成为当前幻灯片并切换到普通视图。

在幻灯片浏览视图中选择连续多张幻灯片、不连续多张幻灯片或者选择全部幻灯片的方法,与普通视图的幻灯片窗格中的选择方法相同。

3)备注页视图

备注页视图主要用于编辑幻灯片备注信息。放映幻灯片时,备注信息可用于提示演讲人。在"视图"工具栏中单击"备注页"按钮,可切换到备注页视图,如图 3.5 所示。

在备注页视图中,编辑区上方显示幻灯片,下方显示备注信息编辑框。

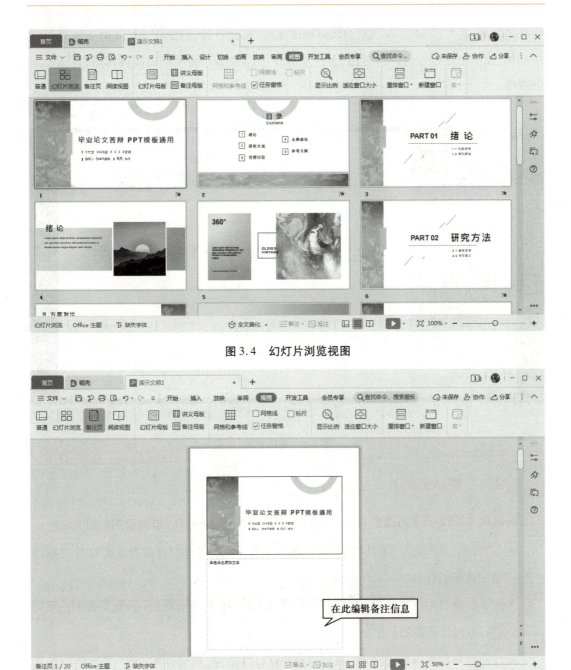

图3.4　幻灯片浏览视图

图3.5　备注页视图

4)阅读视图

在"视图"工具栏或状态栏中单击"阅读视图"按钮,可切换到阅读视图,如图3.6所示。

阅读视图是在当前窗口中以最大化方式播放幻灯片,用以查看幻灯片实际效果,与放映类似。

在阅读视图中,按"↑"键、"←"键、"PageUp"键或向上滚动鼠标中间件,可切换到上一张幻灯片;按"↓"键、"→"键、"PageDown"键、"Space"键、"Enter"键,或向下滚动鼠标中间键,或单击鼠标左键,可切换到下一张幻灯片;按"Esc"键可退出阅读视图,返回之前的视图。

图3.6　阅读视图

3.2.2　新建幻灯片

新建的空白演示文档通常只有一个封面页。可使用下列方法添加新的幻灯片。

- 在"开始"或"插入"工具栏中单击"新建幻灯片"按钮，可在当前幻灯片之后添加一张新幻灯片。

- 将鼠标指向幻灯片窗格中的幻灯片,单击幻灯片下方出现的"新建幻灯片"按钮，可在其后添加一张新幻灯片。

- 在幻灯片窗格中单击两张幻灯片之间的空白位置,然后在"开始"工具栏中单击"新建幻灯片"按钮，在该位置添加一张新幻灯片。

- 在幻灯片窗格中,用鼠标右键单击两张幻灯片之间的空白位置,然后在快捷菜单中选择"新建幻灯片"命令,可在该位置添加一张新幻灯片。

- 用新建幻灯片窗格添加幻灯片。单击幻灯片窗格最下方的"新建幻灯片"按钮，或在"开始"或"插入"工具栏中单击"新建幻灯片"下拉按钮 新建幻灯片▾，可打开新建幻灯片窗格,如图3.7所示。在窗格中可选择各种版式的幻灯片模板,单击模板,即可在当前幻灯片之后或者指定位置添加幻灯片。

图 3.7　新建幻灯片窗格

- 在幻灯片窗格中单击两张幻灯片之间的空白位置,然后按"Enter"键在该位置添加一张新幻灯片。

3.2.3　删除幻灯片

可用下面的方法删除幻灯片:

- 在普通视图中,先在幻灯片窗格中选中幻灯片,再按"Delete"键或"Backspace"键将其删除;或者用鼠标右键单击选中的任意一张幻灯片,然后在快捷菜单中选择"删除幻灯片"命令删除当前选中的幻灯片。
- 在幻灯片浏览视图中,先选中幻灯片,再按"Delete"键或"Backspace"键将其删除;或者用鼠标右键单击选中的幻灯片,然后在快捷菜单中选择"删除幻灯片"命令删除选中的幻灯片。

3.2.4　复制和移动幻灯片

1)复制幻灯片

(1)快速复制单张幻灯片

在普通视图的幻灯片窗格中,用鼠标右键单击要复制的幻灯片,然后在快捷菜单中选择"复制幻灯片"命令。用该方法复制出的幻灯片在原幻灯片下方。

（2）快速复制多张幻灯片

在普通视图的幻灯片窗格中，先选中要复制的幻灯片，再用鼠标右键单击选中的任意一张幻灯片，然后在快捷菜单中选择"复制幻灯片"命令。不管选中的幻灯片是否相邻，复制出的幻灯片均出现在之前选中的最后一张幻灯片下方，且按之前的先后顺序排列。

（3）用复制粘贴方法复制幻灯片

用复制粘贴方法可将幻灯片复制到指定位置，操作步骤如下：

①在普通视图的幻灯片窗格中或者在幻灯片浏览视图中，选中要复制的幻灯片。

②执行复制操作。用鼠标右键单击选中的幻灯片，在快捷菜单中选择"复制"命令，或者在"开始"工具栏中单击"复制"按钮，或者按"Ctrl+C"键，将选中的幻灯片复制到剪贴板。

③执行粘贴操作。在普通视图的幻灯片窗格中或者在幻灯片浏览视图中，用鼠标右键单击要粘贴幻灯片的位置，然后在快捷菜单中选择"粘贴"命令；也可在普通视图的幻灯片窗格中或者在幻灯片浏览视图中，用鼠标单击要粘贴幻灯片的位置，然后在"开始"工具栏中单击"粘贴"按钮，或者按"Ctrl+V"键，完成粘贴操作。

2）移动幻灯片

（1）用拖动方法移动幻灯片

首先在普通视图的幻灯片窗格中或者在幻灯片浏览视图中，选中要移动的幻灯片。然后将鼠标指向选中的幻灯片，按住鼠标左键将幻灯片拖动到新位置，释放鼠标左键完成移动。

（2）用剪切粘贴方法移动幻灯片

用剪切粘贴方法移动幻灯片的操作步骤如下：

①在普通视图的幻灯片窗格中或者在幻灯片浏览视图中，选中要移动的幻灯片。

②执行剪切操作。用鼠标右键单击选中的幻灯片，在快捷菜单中选择"剪切"命令，或者在"开始"工具栏中单击"剪切"按钮，或者按"Ctrl+X"键，将选中的幻灯片复制到剪贴板，同时窗格中选中的幻灯片将会删除。

③执行粘贴操作。在普通视图的幻灯片窗格中或者在幻灯片浏览视图中，用鼠标右键单击要粘贴幻灯片的位置，然后在快捷菜单中选择"粘贴"命令；也可在普通视图的幻灯片窗格中或者在幻灯片浏览视图中，用鼠标单击要粘贴幻灯片的位置，然后在"开始"工具栏中单击"粘贴"按钮，或者按"Ctrl+V"键，完成粘贴操作。

3.2.5 更改幻灯片版式

版式指标题、文本或图片等内容在幻灯片中的布局方式。通常，第一张幻灯片默认为封面幻灯片版式,只包含标题和副标题。从第二张幻灯片开始,新建的幻灯片默认为标题加内容版式。

在"开始"或"设计"工具栏中单击"版式"按钮,或者用鼠标右键单击幻灯片,然后在快捷菜单中选择"版式"命令,可打开版式下拉列表。在版式下拉列表中单击要使用的版式,即可将其应用到当前幻灯片或者选中的多张幻灯片。

3.3　编辑幻灯片

3.3.1　编辑文本

在新建的幻灯片中,WPS演示使用占位文本框提示输入文本的位置。通常,占位文本框边框为虚线,其中显示"单击此处添加标题"或"单击此处添加文本"等提示。在占位文本框内部单击,然后输入需要的文本,提示信息自动消失。

可根据需要为幻灯片添加文本框,添加方法如下:

- 在"开始"或"插入"工具栏中单击"文本框"按钮 ,鼠标指针变为十字形状。在添加文本框的位置按住鼠标左键,拖动鼠标绘制出文本框。该方式默认添加横向文本框。

- 在"开始"或"插入"工具栏中单击"文本框"下拉按钮 文本框▾ ,打开"预设文本框"菜单。在菜单中选择"横向文本框"或"纵向文本框"命令后,鼠标指针变为十字形状。在添加文本框的位置按住鼠标左键,拖动鼠标绘制出文本框。在预设文本框菜单中,也可在"稻壳文本框"列表中选择各种预设样式的文本框,可单击将其添加到幻灯片中。

添加完文本框后,插入点自动定位到文本框中,可进一步输入文本。"稻壳文本框"可能包含多个文本框,按其中的文字提示进行修改即可。

幻灯片中的文本框均可移动位置,移动方法为:将鼠标指向文本框边沿,在鼠标指针变为四向箭头时,按住鼠标左键拖动,拖动到新位置后释放鼠标左键完成移动。

对于不需要的文本框,可单击文本框边沿,然后按"Delete"键或"Backspace"键将其删除。或者用鼠标右键单击文本框边沿,然后在快捷菜单中选择"删除"命令将其删除。

3.3.2　使用大纲窗格

在普通视图中,大纲窗格用于编辑各级标题,如图3.8所示。

大纲窗格中每个序号对应一张幻灯片。在序号右侧输入文本,该文本框内容默认作为幻灯片的一级标题,此时按"Enter"键,可跳转到下一张幻灯片。

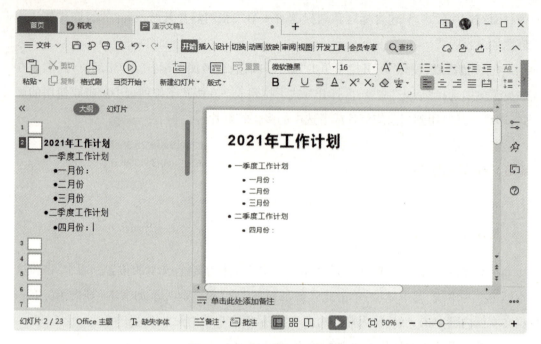

图3.8　在大纲视图中编辑文本

在编辑一级标题时,按"Ctrl+Enter"键,可在当前幻灯片大纲中添加换行。新行中的内容将作为二级标题。编辑二级标题时,按"Enter"键添加新行,按"Tab"键可增加标题级别,按"Shift+Tab"键可减少标题级别。

3.3.3　插入图片

1)插入本地图片

在幻灯片中插入本地图片的方法如下:

- 在"插入"工具栏中单击"插入图片"按钮![icon],或者在占位文本框中单击"插入图片"按钮![icon],打开"插入图片"对话框,如图3.9所示。在"插入"工具栏中单击"插入图片"下拉按钮 图片▾ ,打开插入图片菜单,在菜单中单击"本地图片"按钮,也可打开"输入图片"对话框。在对话框的文件列表中双击文件,或者在单击选中文件后单击"打开"按钮,即可插入图片。

- 也可先在Windows的文件夹窗口中复制图片,然后切换回幻灯片编辑窗口,再单击"开始"工具栏中的"粘贴"按钮,或按"Ctrl+V"键,或用鼠标右键单击幻灯片,然后在快捷菜单中选择"粘贴"命令,将图片粘贴到幻灯片中。

2)插入手机图片

WPS提供了插入手机图片功能,插入方法为:在"插入"工具栏中单击"插入图片"下拉按钮 图片▾ ,打开插入图片菜单,在菜单中单击"手机传图"按钮,打开"插入手机图片"

对话框,如图 3.10 所示。用手机微信扫描图片中的二维码连接手机,在手机中完成选择图片后,对话框会显示图片预览图标,如图 3.11 所示。双击图片预览图标可将其插入到幻灯片中。

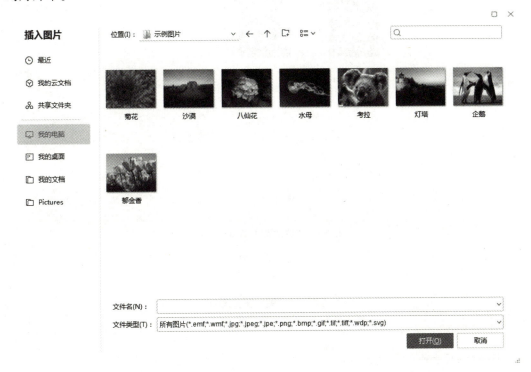

图 3.9 "插入图片"对话框

图 3.10 "插入手机图片"对话框

图3.11　图片预览图标

3）调整图片大小

调整图片大小的方法如下：

- 单击选中图片后，图片边框和4个角会显示大小调整按钮，将鼠标指向大小调整按钮，在鼠标指针变为双向箭头时，按住鼠标左键拖动即可调整图片大小。
- 在单击选中图片后，也可在"图片工具"工具栏中的"高度"或"宽度"数值框中输入图片的准确高度和宽度来调整图片大小。

4）调整图片位置

将鼠标指向图片，按住鼠标左键拖动即可调整图片位置。

5）裁剪图片

如果只需要图片的部分内容，可对图片进行裁剪。单击选中图片后，单击"图片工具"工具栏中的"裁剪"按钮，或者在快捷工具栏中单击"裁剪"按钮，进入图片裁剪模式，如图3.12所示。可通过拖动图片边框的裁剪按钮，调整裁剪范围。调整好裁剪范围后，单击图片之外的任意位置，或按"Enter"键完成图片裁剪。

进入裁剪模式后，也可在图片右侧的裁剪工具窗格中选择按形状或者按比例裁剪。在"图片工具"工具栏中单击"裁剪"下拉按钮，打开下拉菜单，在菜单中可选择"裁剪"命令子菜单中的按形状或比例进行裁剪，也可在"裁剪"下拉菜单的"创意裁剪"命令子菜单中选择按创意形状进行裁剪。

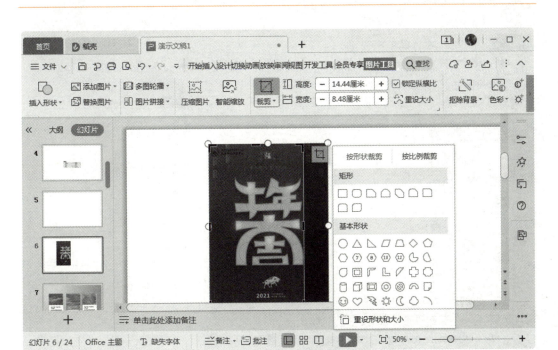

图 3.12　图片裁剪模式

6）删除图片

选中图片后，按"Delete"键或"Backspace"键可将其删除。也可用鼠标右键单击图片，然后在快捷菜单中选择"删除"命令将其删除。

> 提示：在 WPS 的文字、表格和演示等文档中插入图片、形状、艺术字、表格等操作类似，读者可参考 3.5 节内容，在幻灯片中插入艺术字、表格等对象。

3.3.4　插入音频

音频可作为演示文稿的讲解声音或者背景音乐。

1）插入音频

在"插入"菜单中单击"音频"按钮，打开插入音频菜单，如图 3.13 所示。

在菜单中可选择"嵌入音频""链接到音频""嵌入背景音乐""链接背景音乐"等命令将本地音频插入幻灯片。或者将鼠标指向菜单中"音乐库"列表中的音乐，然后单击出现的"下载"按钮 ↓，下载完成后可将音乐插入幻灯片中。

嵌入的音频保存在演示文档中，即使删除外部的音频文件，幻灯片中的音频仍然可用。链接的音频仍保存在音频文件原位置，此时应将音频保存到与演示文档同一个文件夹中，在复制移动演示文档时需同时复制音频文件。

图 3.13　插入音频菜单

将音频插入幻灯片后,幻灯片中会显示音频图标 ，单击图标可显示音频播放工具栏,单击工具栏中的"播放"按钮即可播放音频,如图 3.14 所示。

在嵌入背景音乐或链接背景音乐时,WPS 会显示对话框提示是否从第一页开始插入背景音乐。如果选择"是",则将音频插入到第一页,否则插入到当前幻灯片。

图 3.14　播放音频

2）裁剪音频

裁剪音频指从音频中截取要使用的部分,裁剪方法为:在幻灯片中单击音频图标选中音频,然后在"音频工具"工具栏中单击"裁剪音频"按钮,打开"裁剪音频"对话框,如图 3.15 所示。

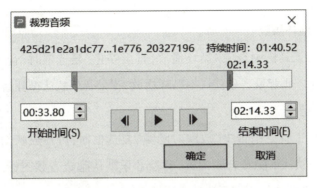

图 3.15　"裁剪音频"对话框

将鼠标指向音频开始时间或结束时间选取按钮,在鼠标指针变为双向箭头时,按住鼠标左键拖动调整开始或结束时间。也可在"开始时间"和"结束时间"数值框中输入时间。单击"确定"按钮完成音频裁剪。

3）设置播放选项

"音频工具"工具栏提供了音频的各种播放选项设置,如图 3.16 所示。

图 3.16　音频播放选项设置

（1）设置音量

在"音频工具"工具栏中单击"音量"按钮,在弹出的下拉菜单中可设置音量大小。

（2）设置淡入和淡出效果

在音频开始部分可设置淡入效果,在"音频工具"工具栏中的"淡入"数值框中可设置淡入时间;在音频结束部分可设置淡出效果,在"音频工具"工具栏中的"淡出"数值框中可设置淡出时间。

（3）设置音频播放开始方式

默认情况下,进入音频所在幻灯片时,会自动开始播放音频。可在"音频工具"工具栏中的"开始"下拉列表中将开始方式设置为"单击",则只会在单击音频图标时才播放音频。

（4）设置是否跨页播放

在"音频工具"工具栏中选中"当前页播放"单选项时，音频只在当前幻灯片中播放，离开当前幻灯片时自动停止播放；选中"跨幻灯片播放"单选项，可设置播放到指定页幻灯片时停止播放。非背景音乐默认只在当前幻灯片播放，背景音乐默认为跨幻灯片播放。

（5）设置是否循环播放

在"音频工具"工具栏中选中"循环播放，直至停止"复选框时，音频会循环播放，直到停止放映幻灯片。非背景音乐默认不循环播放，背景音乐默认循环播放。

（6）设置是否隐藏音频图标

在"音频工具"工具栏中选中"放映时隐藏"复选框时，可在放映幻灯片时隐藏音频图标。非背景音乐默认不隐藏音频图标，背景音乐默认隐藏音频图标。隐藏图标时，应将开始方式设置为"自动"，否则无法播放音频。

（7）设置是否在播放完时返回开头

在"音频工具"工具栏中选中"播放完返回开头"复选框时，可在播放完音频时，自动返回音频起始位置。背景音乐和非背景音乐默认均在播放完时不返回起始位置。

（8）设置或取消背景音乐

在"音频工具"工具栏中单击"设为背景音乐"按钮，可将非背景音乐设置为背景音乐。设置为背景音乐后，"设为背景音乐"按钮变为选中状态，再次单击该按钮可将音频设置为非背景音乐。

3.3.5 插入视频

在"插入"工具栏中单击"视频"按钮，可打开插入视频菜单。在菜单中可选择"嵌入本地视频"或"链接到本地视频"命令，可将本地视频插入到当前幻灯片。嵌入的视频保存在演示文档中，链接的视频保存在视频原位置。在菜单中选择"网络视频"命令时，可打开对话框输入网络视频地址，从而将网络视频插入幻灯片。在菜单中选择"开场动画视频"时，可根据模板，通过替换图片，制作开场动画视频。

图3.17显示了插入视频后的幻灯片。

与音频类似，可使用"视频工具"工具栏中的工具设置音量、裁剪视频、设置开始方式以及其他选项。

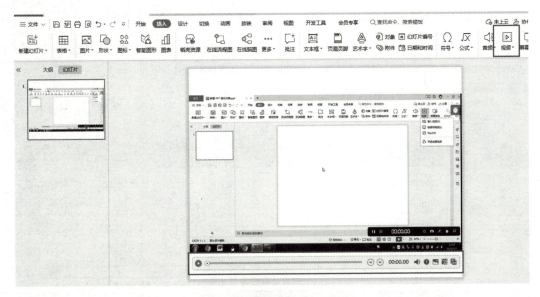

图3.17　插入视频后的幻灯片

3.4　演示文档的放映

演示文档中的文本框、形状、图片、表格或者文本中的段落等,均可作为对象来设置动画效果,使演示文档在放映时展示出更丰富的视觉效果。

3.4.1　设置对象的动画效果

对象的动画效果分为进入、强调、退出和路径4种类型。

进入动画指对象出现在幻灯片中的过程动画效果,强调动画指对象出现后在幻灯片中的显示动画效果,退出动画指对象从幻灯片中消失的过程动画效果,路径动画指对象按指定轨迹运动的动画效果。

1)添加动画效果

为对象添加动画效果的方法为:选中要添加动画的对象,然后在"动画"工具栏中的动画样式列表中单击要使用的样式,将其应用到对象。为对象添加了动画后,可单击"动画"工具栏中的"自定义动画"按钮,打开自定义动画窗格,在其中设置动画选项,如图3.18所示。

动画选项包括了开始方式、方向、速度以及出现顺序等。要更改动画选项,首先在幻灯片中选中对象,或者在自定义动画窗格的顺序列表中单击对象,再修改动画选项。

(1)修改开始方式

在"开始"下拉列表中,可选择动画的开始方式。开始方式为"单击时"表示单击鼠标开始动画;开始方式为"之前"表示与上一个动画同时开始;开始方式为"之后"表示在上一个动画结束之后开始动画。

图3.18　设置动画选项

（2）修改方向

在"方向"下拉列表中，可选择对象在屏幕的哪个位置出现，如"自左侧""自右侧""自顶部"等。

（3）修改速度

速度指动画完成的时间，可在"速度"下拉列表中选择动画的完成速度。

（4）修改出现顺序

默认情况下，文档按添加的先后顺序播放各个动画。在自定义动画窗格的顺序列表中，可看到各个动画的序号。打开自定义动画窗格时，幻灯片中对象左侧也会显示动画的序号。动画的序号越小，越先出现。在自定义动画窗格的顺序列表中，可单击选中对象，然后单击列表下方的⬆或⬇按钮调整动画的先后顺序；也可在列表中拖动对象来调整动画顺序。

（5）删除动画效果

在自定义动画窗格的顺序列表中，可单击选中对象，然后单击"删除"按钮可删除动画效果。或者用鼠标右键单击顺序列表中的对象，然后在快捷菜单中选择"删除"命令来删除动画效果。

2）使用智能动画

智能动画可根据选中的对象自动设置动画效果。添加智能动画的方法为：在幻灯片中选中要设置动画的对象,然后在"动画"工具栏或自定义动画窗格中单击"智能动画"按钮,打开智能动画列表,如图 3.19 所示。在列表中单击要使用的动画,将其应用到选中对象。

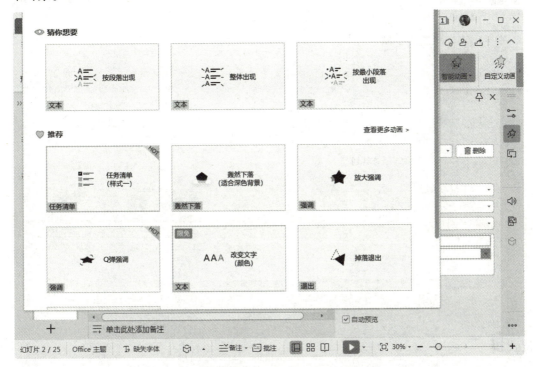

图 3.19　"智能动画"列表

3)删除所有动画

在"动画"工具栏中单击"删除动画"按钮,打开删除对话框,在对话框中单击"是"按钮,可删除当前幻灯片中的全部动画。

3.4.2　设置幻灯片切换效果

幻灯片切换效果指在放映演示文档时,从一张幻灯片从屏幕消失到另一张幻灯片在屏幕上出现的动画效果。

在"切换"工具栏或者"幻灯片切换"窗格中可设置幻灯片切换效果,如图 3.20 所示。

1)添加切换效果

选中要设置切换效果的幻灯片后,在"切换"工具栏或者"幻灯片切换"窗格中的效果列表中单击要使用的效果,将其应用到幻灯片。切换效果为"无切换"时,可删除已设置的切换效果。

2)设置效果选项

在"效果"列表中选择"对象"时,对幻灯片中的对象应用切换效果;选择"文字"时,对幻灯片中的对象和词语应用切换效果;选择"字符"时,对幻灯片中的对象和字符应用切换效果。

图3.20　设置幻灯片切换效果

3) 设置切换速度

在"速度"数值框中,可设置完成切换的时间。

4) 设置切换声音

在"声音"下拉列表中,可设置切换播放的声音。

5) 设置换片方式

默认情况下,单击鼠标时切换幻灯片,开始播放切换动画。可选中"自动换片"复选框,并设置时间,可自动切换幻灯片。

6) 应用范围

默认情况下,切换效果应用于当前幻灯片。在"切换"工具栏单击"应用到全部"按钮,或在"幻灯片切换"窗格中单击"应用于所有幻灯片"按钮,可将切换效果应用到整个文档中的所有幻灯片。在"幻灯片切换"窗格中单击"应用于母版"按钮,可将切换效果应用到母版。

3.4.3　放映演示文稿

1)设置放映方式

在"放映"工具栏中单击"放映设置"按钮，可打开"设置放映方式"对话框，如图3.21所示。

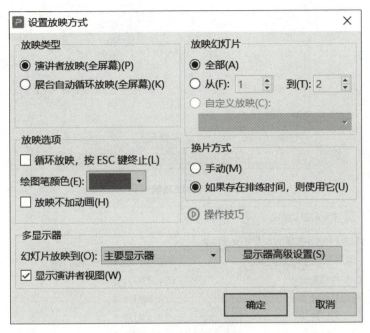

图3.21　设置放映方式

(1)设置放映类型

在"设置放映方式"对话框的"放映类型"框中，可选择"演讲者放映(全屏幕)"或"展台自动循环放映(全屏幕)"。"演讲者放映(全屏幕)"为默认放映类型，由演讲者播放演示文档;"展台自动循环放映(全屏幕)"为自动播放，演讲者不能手动切换幻灯片。

(2)设置可放映的幻灯片

在"设置放映方式"对话框的"放映幻灯片"框中，可设置播放哪些幻灯片，默认为播放全部幻灯片，也可设置播放的幻灯片页码方位，或者按自定义放映序列播放。

2)定义放映序列

放映序列指按顺序排列的幻灯片放映队列。在"设置放映方式"对话框中，可选择放映序列播放幻灯片。自定义的放映序列可包含演示文档中的部分或全部幻灯片，幻灯片的播放顺序可以按需要排列。

在"放映"工具栏中单击"自定义放映"按钮，可打开自定义放映对话框，如图3.22所示。在对话框的"自定义放映"列表列出了已定义的放映序列，可单击选中序列，然后单击"编辑"按钮修改放映序列。单击"删除"按钮可删除选中的放映序列。单击"复制"按钮可复制选中的放映序列。单击"新建"按钮可打开"定义自定义放映"对话框,创建放映序列,如图3.23所示。

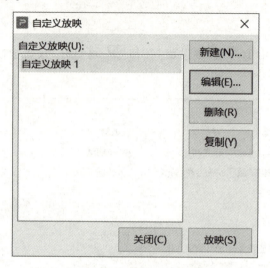

图3.22　管理放映序列

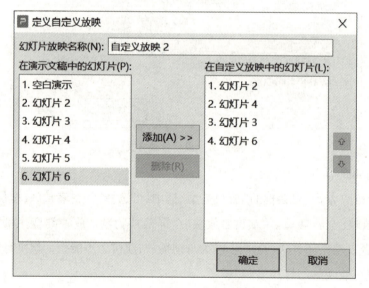

图3.23　自定义放映序列

在"定义自定义放映"对话框的"在演示文稿中的幻灯片"列表中,双击幻灯片标题,或者在单击选中幻灯片后,单击"添加"按钮,将幻灯片添加到播放序列中。

3)使用排练计时

排练计时可记录每张幻灯片的放映时间。在"设置放映方式"对话框的"换片方式"框中,选中"如果有排练时间,则使用它"单选项,则可按排练计时记录的时间自动切换幻灯片。

在"放映"工具栏中单击"排练计时"按钮 ，或者单击"排练计时"下拉按钮排练计时▾ ,打开排练计时下拉菜单,在菜单中选择"排练全部"命令,可从第一张幻灯片开始排练全部幻灯片。在排练计时下拉菜单中选择"排练当前页"命令,则只排练当前幻灯片。

在结束放映幻灯片时,WPS 会显示对话框提示是否保留排练时间,如图 3.24 所示。单击"是"按钮可保存排练时间。

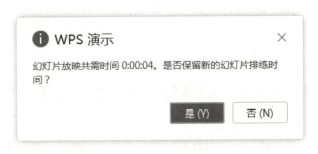

图 3.24 保存排练时间提示

4)隐藏幻灯片

在"放映"工具栏中单击"隐藏幻灯片"按钮,可隐藏当前幻灯片。放映时不显示隐藏的幻灯片。

5)使用演讲备注

演讲备注用于给幻灯片添加说明信息,该信息在放映幻灯片时,演讲者可观看,观众无法看到。

在"放映"工具栏中单击"演讲备注"按钮,可打开演讲者备注对话框,在对话框中编辑演讲备注信息。也可在普通视图中,在编辑区下方的备注框中编辑演讲备注信息。

在放映幻灯片时,用鼠标右键单击幻灯片,然后在快捷菜单中选择"演讲备注"或单击放映工具栏中的⬤⬤⬤按钮,可显示演讲备注。

6)放映控制操作

单击"放映"工具栏中的"从头开始"按钮,或按"F5"键,可从第 1 张幻灯片开始放映。将鼠标指向幻灯片窗格中的幻灯片,单击出现的放映按钮▶,或者单击"放映"工具栏中的"当页开始"按钮,或单击状态栏中的放映按钮▶,或按"Shift+F5"键,可从当前幻灯片开始放映。

在放映幻灯片过程中,可使用下面的方法控制放映:

- 切换到上一张幻灯片:按"P"键、"↑"键、"←"键、"PageUp"键或向上滚动鼠标中间件。

- 切换到下一张幻灯片:按"N"键、"↓"键、"→"键、"PageDown"键、"Space"键、

"Enter"键,或向下滚动鼠标中间键,或单击鼠标左键。

- 用鼠标右键单击幻灯片,在快捷菜单中选择"上一页""下一页""第一页""最后一页"等命令切换幻灯片。

- 用鼠标右键单击幻灯片,在快捷菜单中选择"定位\按标题"命令子菜单中的幻灯片标题,切换到该幻灯片。

- 结束放映:按"Esc"键,或用鼠标右键单击幻灯片,在快捷菜单中选择"结束放映"命令。

7)在放映时使用绘图工具

在放映幻灯片时,可使用绘图工具在幻灯片上绘制各种标记,以便强调和突出重点内容。

单击放映工具栏中的 ✏ 按钮,可打开绘图工具菜单,如图3.25所示。

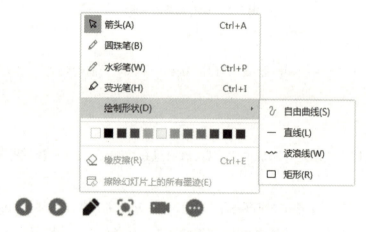

图3.25　选择放映时的绘图工具

在绘图工具菜单中可选择"圆珠笔""水彩笔""荧光笔"等命令,然后用鼠标在幻灯片中绘制标记。也可用鼠标右键单击幻灯片,然后在快捷菜单中的"墨迹画笔"命令子菜单中选择画笔。

3.5　演示文档打包

如果在演示文档中使用了特殊字体、链接音频、链接视频等外部文件,为了在其他计算机上能正常使用演示文档,就需要使用WPS的"打包"工具。

3.5.1　打包为文件夹

打包为文件夹功能可将演示文档、字体文件、链接音频、链接视频等复制到指定的文件夹中,将文件夹复制到其他计算机即可正常使用。

将演示文档打包为文件夹的操作步骤如下。

①保存正在编辑的演示文档。

②在"文件"菜单中选择"文件打包\将演示文档打包为文件夹"命令,打开"演示文件打包"对话框,如图3.26所示。

图3.26　设置打包参数

③在"文件夹名称"输入框中输入文件夹名称,在"位置"输入框中输入文件夹位置,可单击"浏览"按钮打开对话框选择保存位置。可选中"同时打包成一个压缩文件"复选框,打包时生成包含相同内容的压缩文件。

④单击"确定"按钮执行打包操作。打包完成后,WPS显示如图3.27所示的对话框。单击"打开文件夹"按钮,可打开打包生成文件夹,以便查看打包内容,如图3.28所示。

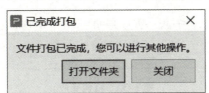

图3.27　打包完成

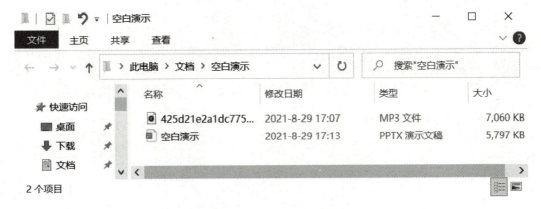

图3.28　打包生成的文件夹内容

3.5.2　打包为压缩文件

打包为压缩文件功能可将演示文档、字体文件、链接音频、链接视频等打包到一个压缩文件中,将压缩文件复制到其他计算机,解压缩后即可正常使用演示文档。

将演示文档打包为压缩文件的操作步骤如下：

①保存正在编辑的演示文档。

②在"文件"菜单中选择"文件打包\将演示文档打包为压缩文件"命令，打开"演示文件打包"对话框，如图3.29所示。

图3.29　设置打包参数

③在"压缩文件名"输入框中输入压缩文件夹名称，在"位置"输入框中输入文件夹位置，可单击"浏览"按钮打开对话框选择保存位置。

④单击"确定"按钮执行打包操作。打包完成后，WPS显示如图3.30所示的对话框。单击"打开压缩文件"按钮，可打开压缩文件查看打包的内容，如图3.31所示。

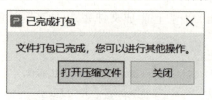

图3.30　打包完成

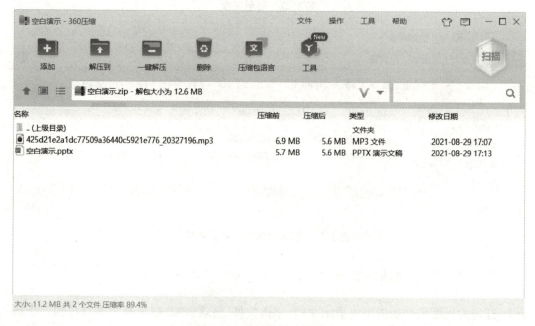

图3.31　查看压缩文件内容

情景四
WPS PDF

4.1 WPS PDF 基础操作

WPS PDF 是针对 PDF 文档的阅读和处理软件。该软件具有 PDF 文档的阅读功能。为了方便阅读,该软件具有播放模式、阅读模式,还可以旋转文档页面。在阅读中也可以根据个人喜好设置页面显示方式、设置文档背景色等个性化操作,在处理文档方面还具有文档拆分功能。

4.1.1 界面介绍

WPS PDF 的工作界面主要由标签栏、功能区、编辑区、导航窗格、任务窗格、状态栏 6 个部分组成,如图 4.1 所示。

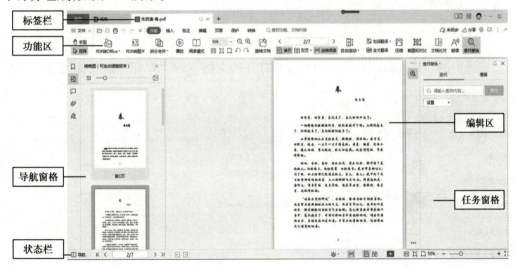

图 4.1 界面介绍

标签栏:主要用于标签的切换和窗口控制。标签切换指在不同标签间单击进行切换或关闭标签。窗口控制主要是登录/切换/管理账号以及切换/缩放/关闭工作窗口。

功能区:主要包括阅读选项卡、文件菜单、快速访问工具箱、协作状态区等。

编辑区:是内容呈现的主要区域。

导航窗格:主要提供文档缩略图、附件、标签视图的导航功能。

任务窗格：通常是提供一些高级功能的辅助面板，如执行查找操作时将自动展开。

状态栏：提供文档状态和视图控制。如在状态栏可以显示 PDF 文档总的页数、进行文档的翻页或页面跳转；也提供页面缩放和预览方式设置等操作。

4.1.2　打开文档

使用 WPS PDF 组件打开 PDF，可以通过以下两种方法完成。

方法一：单击 WPS PDF 快捷方式打开 PDF 软件，进入 WPS PDF 首页，单击主导航栏"打开"按钮，如图 4.2 所示。

图 4.2　首页打开

在弹出的"打开文件"对话框中选择要打开的文档，单击"打开"按钮，即可打开 PDF 文档，如图 4.3 所示。

图 4.3　"打开文件"对话框

方法二:在已经打开的 PDF 文档界面,选择"文件"菜单中的"打开"命令,即可弹出"打开文件"对话框,在对话框中选择要打开的文档即可打开 PDF 文档,如图 4.4 所示。

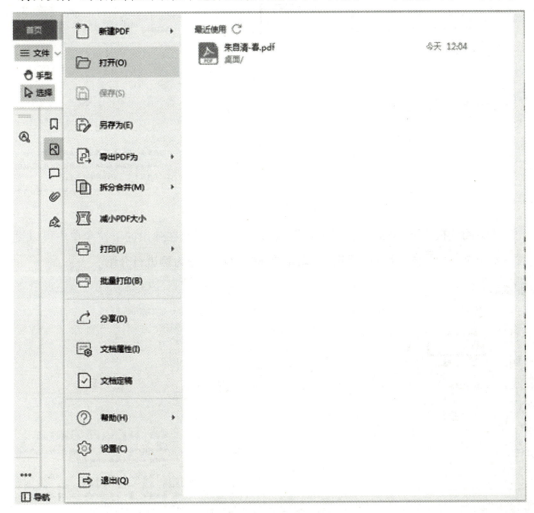

图 4.4 "文件"菜单打开

　　方法三:将 PDF 的默认打开方式设置为 WPS PDF 后,双击文档即可打开 PDF 文档。

4.1.3 阅读模式和播放模式

这里介绍两种模式,一种是阅读模式,一种播放模式。下面分别介绍这两种模式。

1)阅读模式

打开 PDF 文档后,单击"阅读"选项卡中的"阅读模式"按钮即可进入阅读模式,如图 4.5 所示。

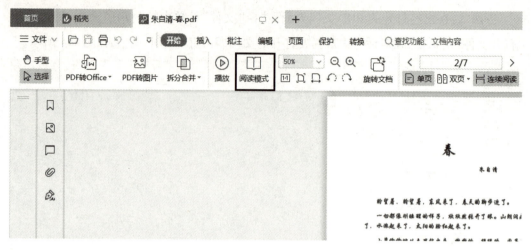

图4.5　阅读模式

①在阅读模式下，单击"视图"下拉按钮，如图4.6所示，在弹出的下拉菜单中可以设置展示单页、多页还是连续阅读模式，此处选择"双页"命令为例进行介绍。

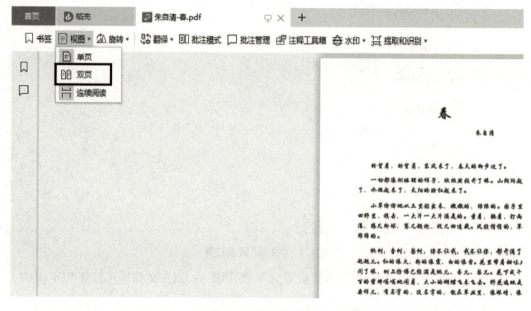

图4.6　"双页"视图

②单击"旋转"下拉按钮，在弹出的下拉菜单中可以设置当前页面顺时针旋转90°、逆时针旋转90°或将整个PDF文档进行旋转，如图4.7所示。

③有时候打开的文档页数太多，书签就可以帮用户快速定位特定的文档位置。单击"书签"按钮，就可以打开"书签"导航窗格，若是文档有书签，则在导航窗格中显示。单击"查找"快捷搜索框，可在文本框中输入要查找的内容进行查找。若想退出阅读模式，单击右侧的"退出阅读模式"按钮，即可退出阅读模式，如图4.8所示。

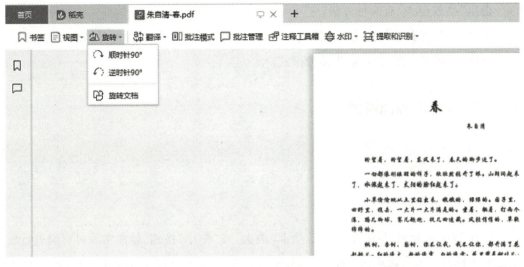

图 4.7　旋转文档

图 4.8　"阅读模式"下书签及退出操作

2）播放模式

打开 PDF 文档，单击"播放"按钮即可进入播放模式。该模式类似于演示文稿放映模式，如图 4.9 所示。

图 4.9　播放模式

在播放模式下，右上角会自动显示出浮动工具栏，如图 4.10 所示。在该工具栏中可以单击"放大""缩小""上一页""下一页"按钮进行相应的操作。

图 4.10　浮动工具栏

退出"播放模式"有两种方法：

方法一：单击右上角自动显示出浮动工具栏中"退出播放"按钮，即可退出播放模式。

方法二：按 Esc 键，即可退出播放模式。

4.2　WPS PDF **页面管理**

4.2.1　缩放

1）任意比例缩放

打开 PDF 文档后，单击"开始"选项卡"放大"或"缩小"按钮，就能实现对页面进行放大或缩小操作。也可以单击"缩放"组合框进行相应精确的放大或缩小比例调整，如图4.11 所示。

图 4.11　任意比例尺缩放

还可以使用组合键来进行缩放操作，如"Ctrl＋＋"组合键可以进行页面放大操作，"Ctrl+-"组合键可以缩小页面。

2）固定比例缩放

WPS PDF 为用户提供了一些固定大小比例的缩放按钮帮助设置到相应大小，如单击按"实际大小""适合宽度""适合页面"等按钮就可以进行相应设置，此处以"实际大小"为例，如图4.12 所示。

图 4.12　实际大小比例缩放

4.2.2 页面显示

编辑区是页面显示的主要区域,在该区域可以进行相关设置来调整页面显示效果。

1)单页显示

单击"开始"选项卡中的"单页"按钮,就可以显示单页页面,如图 4.13 所示。

图 4.13　单页显示

2)双页显示

单击"双页"按钮,就可以显示双页页面,如图 4.14 所示。

图 4.14　双页显示

3)连续阅读

"连续阅读"是指页面呈现不间断的滚动页面进行浏览,在仅选择"单页"或"双页"显示时,编辑区中纵向只显示一页,页与页之间是断开的。单击"连续阅读"按钮,即可进入阅读页面,编辑区中页与页之间可以不间断地滚动浏览,效果如图 4.15 所示。

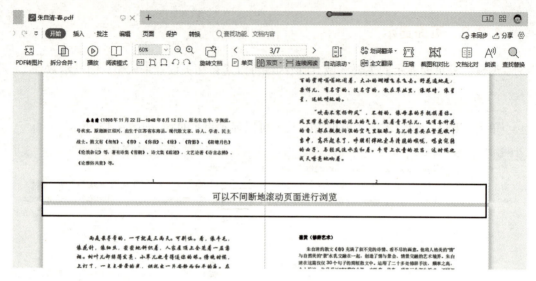

图4.15　连续阅读

4)自动滚动

单击"自动滚动"按钮,在弹出的下拉菜单中选择"-2倍速度""-1倍速度""1倍速度""2倍速度"等不同命令,选择正数是向下滚动,选择负数是向上滚动,如图4.16所示。

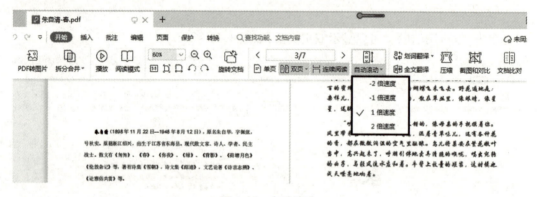

图4.16　自动滚动

4.2.3　页面背景色设置

WPS PDF提供了页面背景颜色设置。单击"背景"按钮,在弹出的下拉菜单中可以选择"日间""夜间""护眼""羊皮纸""默认"5种页面背景颜色,如图4.17所示。

4.2.4　查找

PDF中提供快速查找功能,可以快速定位文档中的内容。单击"查找"按钮,在左侧弹出"查找"任务窗口,在"查找"文本框中输入要查找的内容,就可以查找到相关的内容,如图4.18所示。

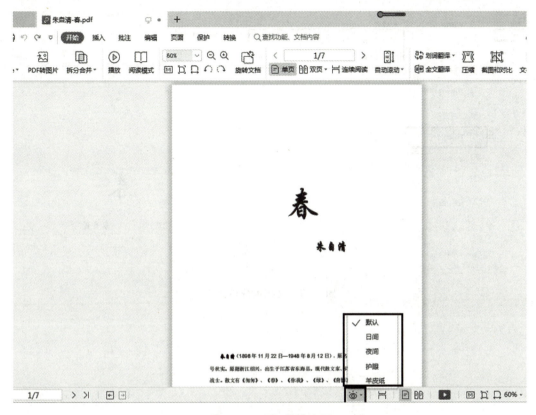

图 4.17　页面背景设置

图 4.18　查找

4.2.5　文档拆分合并

用户在工作和学习过程中,有时需要将 PDF 文档拆分成多个文档,有时又需要将多个 PDF 文档合并成一个文档,这时就需要用到文档拆分和合并功能。

单击"文件"菜单,鼠标移动到下拉菜单中"拆分合并"命令处,在弹出的子菜单中选择"文档查分"或"文档合并"按钮,如图 4.19 所示。

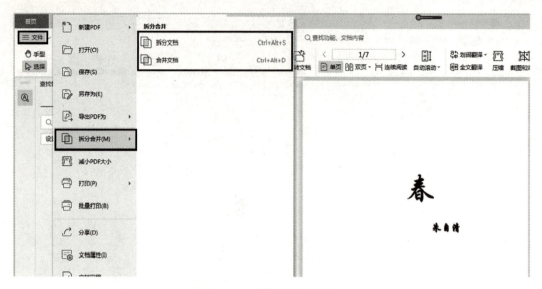

图 4.19　文档拆分与合并

情景五
WPS云文档应用

5.1　WPS云文档概述

现代办公自动化更加强调实时查看他人改动、多端自动同步等功能,而在线办公文档更受青睐,它具有多设备跨平台同步、历史版本恢复、文档链接分享、团队高效协作等功能,为用户提供强大高效的支撑。

5.1.1　初识WPS云文档

WPS云文档有4方面的作用。

1)文档云端保存

用户在登录账号开启"文档云同步"后,即使离开电脑,临时需要修改内容时,只需要在手机端操作,就可以实现查看并编辑文档,让办公更高效快捷。

2)文档自动备份

在编辑文档时,遇到断电或电脑死机等状况时,文件会丢失。为了避免这种情况发生,可以开启"文档云同步"功能,文件会自动备份到云。只需打开WPS,在首页搜索文件名称或关键字就可以快速找到文件。

3)找回文档历史版本

在使用过程中,用户会不断地修改文档,保存过的文档会一遍遍地被覆盖。开启"文档云同步",在WPS首页中,打开"历史版本",就可以查看按照时间顺序排列的文档修改版本。

4)文件安全共享

用户使用"分享"功能,设置接收人的文件操作权限。创建分享,文件将自动上云,文件接收人可在云端查看共享文件。云文档可以实时记录分享文件内的所有操作记录,提高文件分享的便捷性和安全性。

5.1.2　文档上云

开启云同步,保存文件时能够自动保存到云文档,还可以多地多设备同步修改文件。

1)通过"另存为"将文档上云

选择"文件"菜单,在弹出的下拉列表中选择"另存为"按钮,如图 5.1 所示。

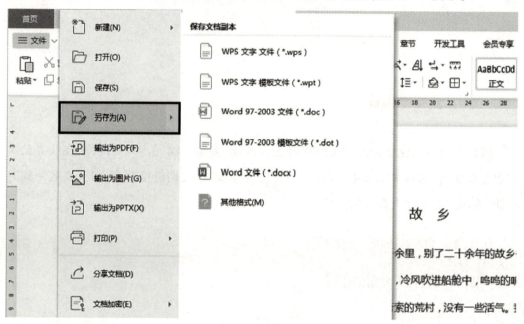

图 5.1　选择"另存为"命令

在弹出的"另存文件"对话框中单击"我的云文档"按钮,选择文件保存位置后,单击"保存"按钮即可完成文档上云,如图 5.2 所示。

图 5.2　"另存为"对话框

2)通过标签上云

将鼠标移动到文档"标题栏"中"文档标签"处悬停几秒,会自动弹出"文件状态浮窗",如图 5.3 所示。

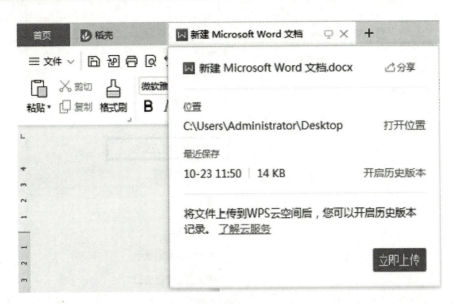

图 5.3 文件状态浮窗

单击"文件状态浮窗"中的"立即上传"按钮,在弹出的"另存文件"对话框中单击"我的云文档"按钮,选择文件保存位置后,单击"上传到云端"按钮即可完成文档上云,如图 5.4 所示。

图 5.4 上传到云端

或者将鼠标指针移动到文档"标签栏"中"文档标签"处右击,在弹出的右键菜单中选择"保存到 WPS 云文档",也会弹出"另存文件"对话框,通过该对话框完成上云操作,如图 5.5 所示。

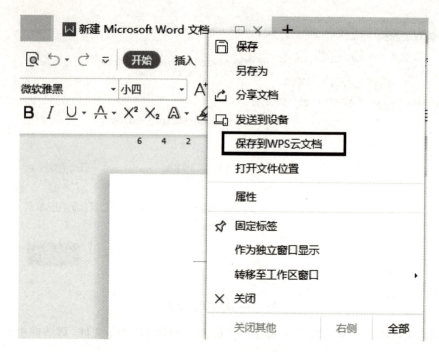

图5.5 右击"文档标签"

3)通过"协作状态区"上云

单击"协作状态区"中"未同步"按钮,在弹出的下拉面板中单击"立即启用"按钮,即可完成文档上云。单击"立即启用"按钮后将开启"文档同步"功能,即通过 WPS 打开的本地文档,将同步到云端。

图5.6 "同步状态"方式上云

4)通过网页上云

使用浏览器打开金山文档官网,如图5.7 所示。单击首页中的"进入网页版"按钮,登录后即可进入图5.8 所示的页面。

单击左侧"我的文档"按钮,选择适当的文件夹后,单击"上传"按钮,在弹出的下拉列表中选择"文件"命令。选择好要上传的文件后,即可完成文档上云操作。

图5.7　金山文档官网

图5.8　登录金山文档

5.2　WPS云文档的基础操作

5.2.1　查询云文档位置

1)通过"文档标签"查看文件保存位置

此种方法适合在已经打开文档时使用,可查看文件的保存位置。将光标移动到"标签栏"中"文档标签"上悬停,此时会自动出现"文件状态浮窗",在浮窗中可以查看文件路径,如图5.9所示。

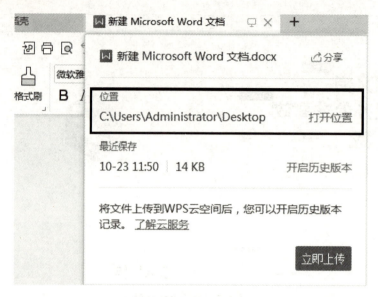

图5.9　云文档状态浮窗

单击浮窗中的文档路径，可以快速打开文档保存目录，如图5.10所示。

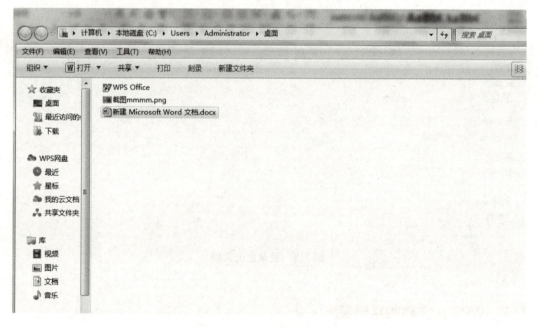

图5.10　打开文档保存目录

2）通过"WPS 全局搜索框"查看文件保存位置

此种方法适合在没有打开文档的时候使用。打开 WPS 首页，在"WPS 全局搜索框"中输入文件名字或关键词，就可以查看文档保存的路径，单击相应文件即可打开文件，如图5.11所示。

3）通过查看使用记录查看文件保存位置

此种方法适合在没有打开文件的时候使用，查看文件的保存位置。打开"WPS 首页",在左侧"主导航"栏中单击"文档"按钮,在下一级列表中选择"最近"按钮,即可查看最近使用或保存的文件,在文件下方可显示文件路径,如图 5.12 所示。

图 5.11　WPS 搜索框

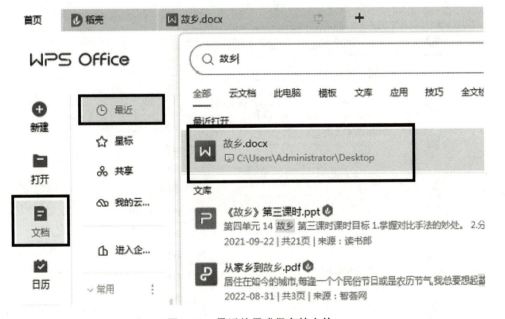

图 5.12　最近使用或保存的文件

5.2.2　标记云文档

在工作中,人们会将各式各样的文件或文件夹上传到云文档,为了后续使用时可以方便快捷地找到,可以使用"星标"和"固定到'常用'"功能来标记重要文件、常用文件。

1）"星标"功能

在使用 WPS 云文档时，为了让重要文件/文件夹更突出，可以添加星标。打开"WPS 首页"，在左侧"主导航"栏中单击"文档"按钮，选择下一级列表中"我的云文档"命令，找到要做标识的文档，单击文档右端星状标志，即可对此文件添加星标，如图 5.13 所示。

图 5.13　添加"星标"

或者右键单击文件，在弹出的快捷菜单中选择"添加星标"命令，就可以对此文件添加星标，如图 5.14 所示。

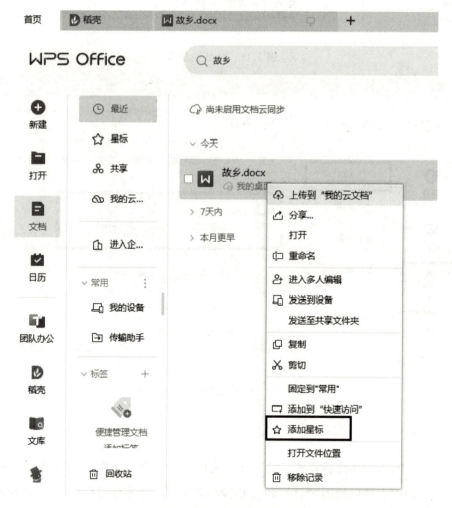

图 5.14　右键添加星标

2）固定到"常用"功能

打开"WPS首页"，在左侧"主导航"栏中单击"文档"按钮，在下一级列表中选择"我的云文档"命令，找到要做标识的文档，右键单击文档，在弹出的菜单中选择"固定到'常用'"命令，如图5.15所示。

图5.15　固定到"常用"

5.2.3　创建云文档

在云文档中新建文件/文件夹。打开"WPS首页"，在左侧"主导航"栏中单击"文档按钮"，在下一级列表中选择"我的云文档"命令，在"我的云文档"面板中右键单击，在弹出的快捷菜单中可以选择新建文件夹等命令，如图5.16所示。

也可在"我的云文档"面板右上角单击"新建"按钮，在弹出的下拉列表中选择"新建文件夹"命令，这样新建的文件夹就会自动保存到云文档中，如图5.17所示。

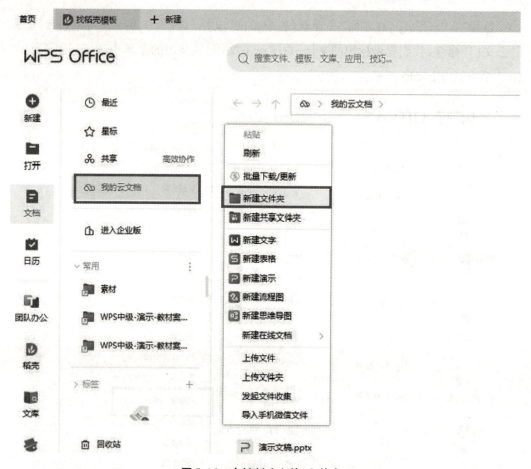

图 5.16　右键新建文件/文件夹

图 5.17　新建文件/文件夹

5.2.4　复制和移动云文档

将云文档内的文档复制到其他文件夹时,可以在"首页"左侧主导航栏中单击"文档"按钮,在下一级列表中选择"我的云文档"命令,在"我的云文档"面板中右键单击需要复制的文档,在弹出的菜单中选择"复制到"命令或者在右侧"文档详情面板"中单击"复制到"按钮,如图 5.18 所示。

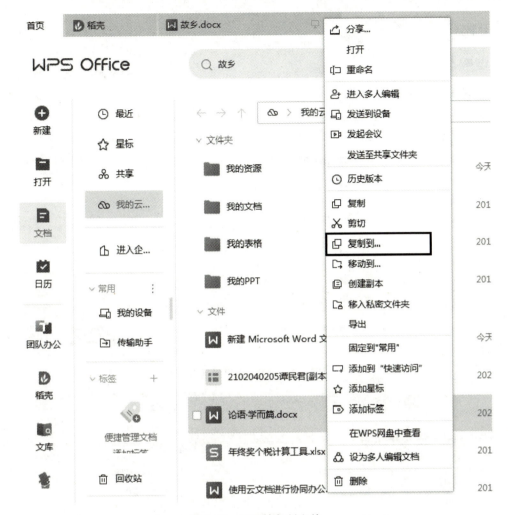

图 5.18　云文档复制文件

　　在弹出的"复制到"对话框中,选择需要复制到的路径,选好之后单击"粘贴"按钮,即可完成复制,如图 5.19 所示。

5.2.5　导出云文档

　　将云文档中的文档导出到本地时,可以在"WPS"首页左侧"主导航"栏中单击"文档"按钮,在下一级列表中选择"我的云文档"命令,在"我的云文档"面板中右键单击需要导出的文档,在弹出的菜单中选择"导出"命令,如图 5.20 所示。

　　在弹出的"请选择文件夹"对话框中选择本地路径,单击"保存"按钮,即可完成导出云文档到本地的操作,如图 5.21 所示。

图 5.19　"复制到"对话框

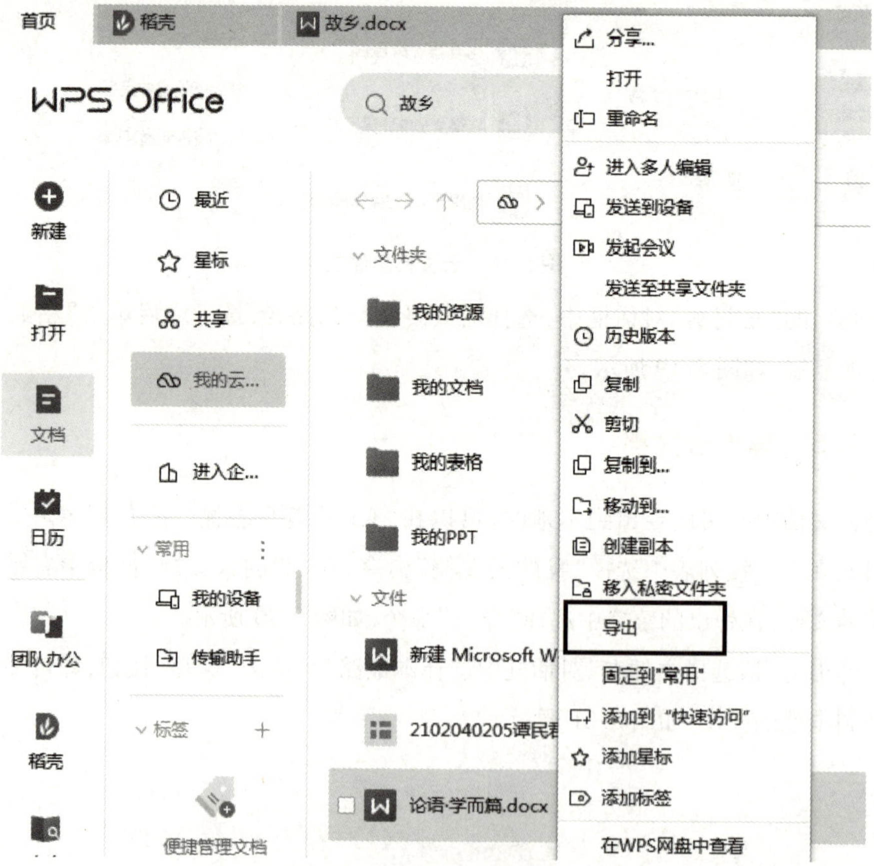

图 5.20　云文档导出

图 5.21　"选择文件夹"对话框

参考文献

［1］闫利霞.计算机应用基础［M］.西安交通大学出版社,2018.

［2］李建华.计算机应用基础［M］.3 版.高等教育出版社,2019.

［3］刘铭,雷正桥.计算机应用基础实训［M］.3 版.高等教育出版社,2019.

［4］国家职业技能鉴定专家委员会计算机专业委员会.办公软件应用 试题汇编练习题库［M］.北京希望电子出版社,2019.

［5］毛书朋,冯曼,赵娜,等.WPS 办公应用(中级)［M］.高等教育出版社,2021.